フォッサマグナ

日本列島を分断する巨大地溝の正体

藤岡換太郎

ブルーバックス

カバー装幀　芦澤泰偉・児崎雅淑
カバー画像　南里翔平
地図データはALOS World 3D-30m（AW3D30）
（章扉、図0－4の画像も）
本文デザイン　齋藤ひさの（STUDIO BEAT）
本文図版　さくら工芸社、野崎篤

はじめに

　私が初めてフォッサマグナへ行ったのは高校生の頃でした。私が通っていた京都の鴨沂《おうき》高校では、学校の行事としてスキー合宿があり、滋賀県の箱館山や長野県の小谷《おたり》まで滑りに出かけていました。小谷へは、大糸線という電車で行ったのを覚えています。蕨平《わらびだいら》という地区の民宿で2、3日をすごして、みなでスキーを楽しみました。でもそのときは、自分たちが乗ってきた電車や、滑っている谷、泊まっている村が、日本列島を東西に真っ二つにしている大地溝の中にあるということなど、思いもよりませんでした。

　ああ、あそこがフォッサマグナだったのかと気づいたのは、大学の3年生になって地質学を専攻するようになってからでした。将来は「地質屋」になろうとしていた人間でさえ、そうだったのです。

「フォッサマグナって何だか知ってる？」

　この本を書くにあたって、試しにいろんな人たちに聞いてみると、しばしば、以下のような答えが返ってきました。

「さあ？　人の名前？　何をした人？」

「それって、どこの地名だっけ？」

なかには「フォッサマグマ」や「ホッサマグナ」だと思い込んでいる人までいて、かなりの迷答・珍答を楽しむことができました。

東西に長く延びた日本列島は、自然や文化などいろいろな面で、東と西では大きく様相が異なっています。それは気候風土のみならず、人の気質、言葉づかい、食べものの好みから、電気の周波数、灯油ポリタンクの色、エスカレーターでは左右どちらに乗るかにまで及んでいるともいわれています。そして、東西の境界線がフォッサマグナ地域あたりにあるらしいということは、知っている人には知られています。

いまあげた例には、本当にフォッサマグナが境界線なのか眉唾なものもありますが、フォッサマグナが日本列島を東西に分ける巨大構造であることは、間違いのない事実です。大学で地質学を専攻するようになった私は、フォッサマグナを発見したのが日本人ではなく、ドイツのナウマンというずいぶん若い学者であるらしいことを知りました。そして、フォッサマグナは日本列島がなぜ現在のような姿になったのかを知るための鍵を握っていることを習いました。

たとえ日本人の多くは知らなくても、発見したのが日本人ではなくとも、フォッサマグナは日本に住む者にとってとても重要なものです。フォッサマグナの理解なくして、日本列島の成り立ちはわからないのです。

しかし、それほど重要な存在でありながら、どういうわけか研究者の多くは、フォッサマグナを避けて通っているように思われます。たとえば、２０１６年に出版された『The Geology of Japan』という本には、「フォッサマグナ」(Fossa Magna) の項目を見つけることができません。これは「日本の地質」の本なのですが。

その理由は、一つにはフォッサマグナが世界的に見ても、きわめて稀な構造であることにもありそうです。ほかに例のない異様な地形であるために、フォッサマグナがいったい何なのか、どのようにしてできたのか、これからどうなるのか、日本にフォッサマグナがあることの意義は何なのか、といった基本的なことが、いまだに明らかになっていないのです。

かくいう私も、大学3年でその存在を知ったのに、フォッサマグナに関心をもつようになったのは、２０１２年に定年退職する頃になってからでした。２０１４年頃からは、志ある研究者がフォッサマグナの謎にチャレンジしはじめて、論文や著作を発表しているのが目につくようになってきました。

しかし、フォッサマグナについて考えていくと、何ともとらえどころがないことに気づかされました。発見されてから140年間、多くの地質学者たちを悩ませてきた、まさに「怪物」であることを思い知らされたのです。

私には、フォッサマグナは「鵺《ぬえ》」のようなものに思えてきました。鵺とは『平家物語』に出てくる怪物で、御所の紫宸殿に夜な夜な現れ、顔が猿で胴体が狸、手足が虎で尻尾は蛇という、なんともとらえようのない姿で人間を幻惑します。これをみごとに射止めたのが、弓の達人であった源三位《げんざんみ》頼政《よりまさ》でした。

そんなことを考えていた折に、講談社ブルーバックスの山岸浩史氏から、よりによってフォッサマグナについて書いてもらえないかという相談を受けました。まだ鵺がどんな姿をしているのかさえ見えていなかったので、きわめて心配でしたが、駄目でもともとのつもりでともかくやってみようと、筆を進めていきました。そのうち、この怪物の正体を自分なりに暴いてやりたい、という気持ちが湧いてきました。源三位頼政のように鵺を矢で射抜いてやろう。非才をも顧みず、無謀にもそんな冒険に挑んでみたくなったのです。

しかし、ナウマンが140年前に見て感動したというフォッサマグナは、私にとってはやはり、荷が重いものでした。とりあえず現在までにわかっていることを整理してから、想像をたくましくしてその正体を考えてみたものの、それは推理と呼ぶのも怪しい荒唐無稽な代物になってしまった気がしています。

本書をみなさんにご覧いただく意味があるとすれば、こんなとんでもない怪物が、人間の身体にたとえれば背骨のど真ん中にあたる場所にどっかりと胡坐《あぐら》をかいている、そういう国に私たちは住んでいるのだと知っていただくことにあるのではないかと思います。そのうえで、そうした怪物に人間が知力だけを頼りに挑むことの面白さも感じていただければ、無謀な戦いに挑んだ甲斐もあったと思えます。

本書を読まれるにあたって、地球科学の基礎的なことをあまりご存じない方は、私が以前に著したブルーバックス『山はどうしてできるのか』『海はどうしてできたのか』『川はどうしてできるのか』、そして『三つの石で地球がわかる』をご参照いただけると、理解の助けになるのではないかと思います。本書では、それらの知識を総動員して鵺に立ち向かうことになりますので。

さて、言い訳がましい前置きはこのあたりにして、そろそろ、フォッサマグナという怪物の謎を、みなさんと一緒に考えていこうと思います。ご用意はよろしいでしょうか。

追記

　本書の執筆に追われていた暑い日に、ある友人が、船から撮った青ヶ島の遠景の写真を送ってくれました。それを見て、この島もこれから1000万年も経てば、本州の一部になるのだなあという感想をもった次第です。

もくじ◉フォッサマグナ

第1章 フォッサマグナとは何か… 33

第2章 地層から見たフォッサマグナ… 65

第3章 海から見たフォッサマグナ——日本海の拡大…91

第6章 〈試論〉フォッサマグナはなぜできたのか…167

第7章 フォッサマグナは日本に何をしているのか…199

序章

ナウマンの発見

1875(明治8)年の夏、文明開化の波押し寄せる日本の横浜港に、一人のドイツ人の青年が降り立ちました。当時来日した多くの外国人がそうであったように、おそらく彼も、駿河湾から見た富士山の姿にはいたく感動していたことでしょう。

幕末から維新にかけての日本には、極東の新興国家に好奇心をそそられた西洋の若者が多数訪れていました。トーマス・グラバーやフィリップ・フランツ・フォン・シーボルト、アーネスト・サトウらがそうでしたが、20歳にしてドイツからやってきたこの青年も、自然科学者としてこの島国に興味を引かれていました。

青年の名はエドムント・ナウマン(図0-1)。日本ではその名前を冠した「ナウマンゾウ」が有名ですが、彼が日本に残してくれた業績は、古代ゾウの化石の発見だけではとても語り尽くせません。

まだ「地質学」という概念がなかった日本人にその基礎を教え、北海道を除く日本列島の地質を初めて明らかにしたのが、このナウマンなのです。

「日本地質学の父」ナウマン

エドムント・ナウマンは1854(嘉永7)年9月11日に、ドイツ・ザクセン王国の陶器で有名な町マイセンに生まれました。ミュンヘン大学に学び、20歳で博士の学位を受けると、恩師のギュンベル教授とともに地質調査事業に従事して、地質図を作成していました。とくに輝《き》緑岩《りょくがん》という変質したドレライト（粗粒玄武《そりゅうげんぶ》岩《がん》）の化学組成の研究をしていましたが、やがて教授から、「日本に行って地質学の教授にならないか」という話をもちかけられます。日本の新しい政府が、西洋文明の習得のために外国人教師を招聘しているというのです。いわゆる「お雇い外国人」です。

図0－1　若き日のエドムント・ナウマン
フォッサマグナや中央構造線を発見し、日本の地質学の発展に多大な貢献をした

ナウマンは二つ返事で、輝緑岩の分析も何もかも放り出し、2ヵ月後には日本に到着しました。勤務するはずだった鉱山学校が廃止されたので、文部省の金石取調所に入り、1876（明治9）年に東京開成学校の教授になりました。そして翌1877（明治10）年4月、東京大学が創設されると、理学部の地質および

採鉱冶金学科の教授になりました。22歳のときでした。この教室では21歳の和田維四郎《つなしろう》（のちに日本の地質学地質調査所初代所長、貴族院議員）が日本人として初めての助教となり、ここに日本の地質学が生まれたのでした。このときの学生には、釜石鉱山に西洋式の高炉をつくった大島高任の長男・大島道太郎（採鉱冶金学科）や、のちに東京大学の地質教室教授となった小藤《ことう》文次郎、地質調査所長になった巨智部《こちべ》忠承《ただつね》（ともに地質学科）ら9名がいました。

東京大学で、ナウマンは学生を連れて地質調査旅行をしました。東京〜神戸間を26日間かけて調査をして、要所要所で珍しい岩石や化石、鉱物などを見つけています。汽車が新橋〜横浜間と京都〜神戸間しかつながっていなかった当時、それは大旅行でした。

この地質調査旅行のことは、当時の学生だった岡田陽一が書き残しています。ナウマン先生は一人だけ駕籠《かご》に乗って旅行したそうで、学生よりも早く宿に到着し、学生たちが宿に到着したころにはもう次の予定地へ出発しているという具合だったようです。当時の学生たちは、同じ年恰好の若いナウマンの横柄な態度に業を煮やしてもいて、ナウマンとの間ではトラブルが絶えなかったようです。

やがてナウマンは、このような単発的な調査では到底、日本全体の地質を知るには至らないと考えて、ドイツの地質調査所のようなものをつくり、そこへ弟子を送り込んで地質図を作成する事業を始めるべきだと考えました。1879（明治12）年、彼は東京大学を辞して地質調査所を設立し（現：国立研究開発法人産業技術総合研究所地質調査総合センター）、日本列島における初の地質図の作成に乗り出すのです。多くの日本人には「ナウマンゾウ」と呼ばれる小型の古代ゾウの発見で知られるナウマンの真骨頂はこの事業にありました。

それまでの日本には伊能忠敬がつくった地形図しかなく、それには等高線が記されていなかったため、地形図を補完しながら地質調査を進めるという大変な作業を強いられた末、ついにナウマンは北海道を除く日本すべての地質図（20万分の1）を完成させました（図0－2）。1885（明治18）年のことです。いま、彼がつくった地質図と、現在の高等学校の地学の教科書に載っている地質図とを比べてみると、両者はきわめてよく一致していることがわかります。たった一人の青年がこれだけのものをつくったことに驚きます。

現在、地質調査所の後身である産業技術総合研究所の地質調査総合センターで5万分の1の地質図を1枚つくるにも早くて3年ほどかかります。ナウマンが10年で、概略とはいえこれを仕上げたのはおそるべき速さだったのです。

ちなみに日本人が自力で最初に地質図をつくったのは1898（明治31）年のことで、1900（明治33）年にパリで開かれた万国博覧会に展示されました。この製作には、京都帝国大

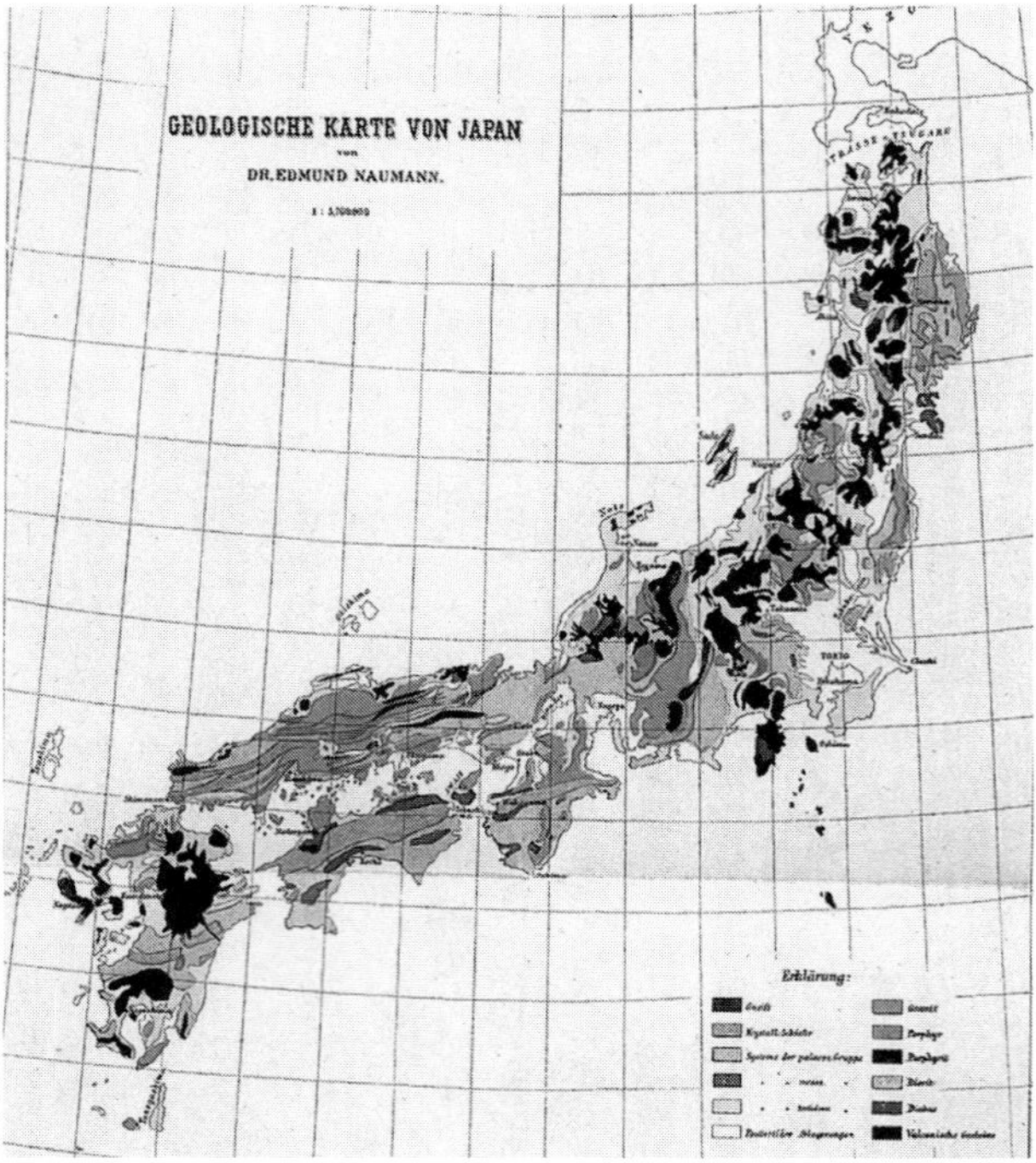

図0－2　ナウマンが作成した日本の地質図

北海道を除く、20万分の１の地質図。現在の地質図と比べても遜色ないほど完成度が高い学に地理学教室を設立した小川琢治（日本人初のノーベル賞受賞者・湯川秀樹の父）や東京大学地理学教室の創始者・山崎直方《なおまさ》らが参加しています。

日本の地質調査事業が軌道に乗ったのを見届けたナウマンは、１８８５（明治18）年、10年余の任期を終えて、ドイツに帰りました。

自分たちの国の地質が何もわからないまま近代国家への道を歩もうとしていた日本にナウマンが来てくれたことで、日本列島の地質が次々に明らかになり、日本人は曲がりなりにも欧米と肩を並べて地質についての議論ができるようになったのです。

嵐の翌朝の奇観

さて、ここでナウマンが来日した１８７５（明治８）年に時間を戻します。

この年の11月４日、ナウマンは早くも、最初の地質調査旅行に出かけていました。それは従者と通訳を従えただけの単独行でした。

馬車で東京を出たナウマンは、高崎から碓氷峠を越えて中山道を下り、追分（現在の軽井沢町）の宿場で数日滞在して、浅間山へ登っています。

その後、現在のＪＲ小海線に沿って千曲川沿いに進み、鉄道最高点のある野辺山に至ると南下して、獅子岩を越えて平沢という小さな集落に泊まります。宿としたのは、古い民家でした。

その夜は、嵐に見舞われました。木の板だけの壁はガタガタと揺れて、いまにも壊れそうでした。ろくに眠れないまま一夜を過ごしたナウマンは、夜が明けるとともに宿を出ました。風は止み、青空がのぞいていました。そして峠から南西を見下ろしたとき、ナウマンは言葉を失いました。

彼の目に飛び込んできたのは、はるか眼下に釜無川の流れる平坦な台地の向こうに、2000m以上もの高さのある南アルプスの鳳凰や駒ヶ岳が、ちょうど壁のように突っ立っている姿でした。そして、その南南東の奥には富士山がさらに高く威容を見せつけていました。

「こんな光景がこの世にあるのだろうか。こんな大きな構造は見たこともない」

ナウマンは言い知れぬ感動をおぼえたといいます。と同時に、なぜいきなりあんなに高い山が聳《そび》え立っているのか、なぜこのように大きな構造ができるのだろうか、という疑問も抱いたに違いありません。そして彼は、いま自分が立っているのは地面にできた巨大な溝のような場所ではないかと考えたのです。

私は2014年に、ナウマンと同じように獅子岩の上に立って四方を眺めてみました。ま

図0－3　現在の平沢から見える南アルプス
現在は草木によって視界が遮られているため、ナウマンが見たような景観は望めない

た、平沢へ降りる道の端にも立って、南西の方向を眺めてみました。そこに見えたのはやはり、平坦な台地からいきなり2000mもの落差のある山々が壁のように立っている姿でした。しかし、ナウマンの頃に比べて木々が生い茂った斜面からは、彼が感動したような風景を望むことはできませんでした（図0－3）。

しかし現代では、空撮写真でその地形を俯瞰することができます。平沢の細長い溝のような平坦な地面から、両側に高い山々が聳え立っていることがまざまざと見てとれます。赤石山脈、関東山地、そして丹沢山地などの山々です。そして、その合間を縫うように、大きな凹地があるのも見てとれます。南北に

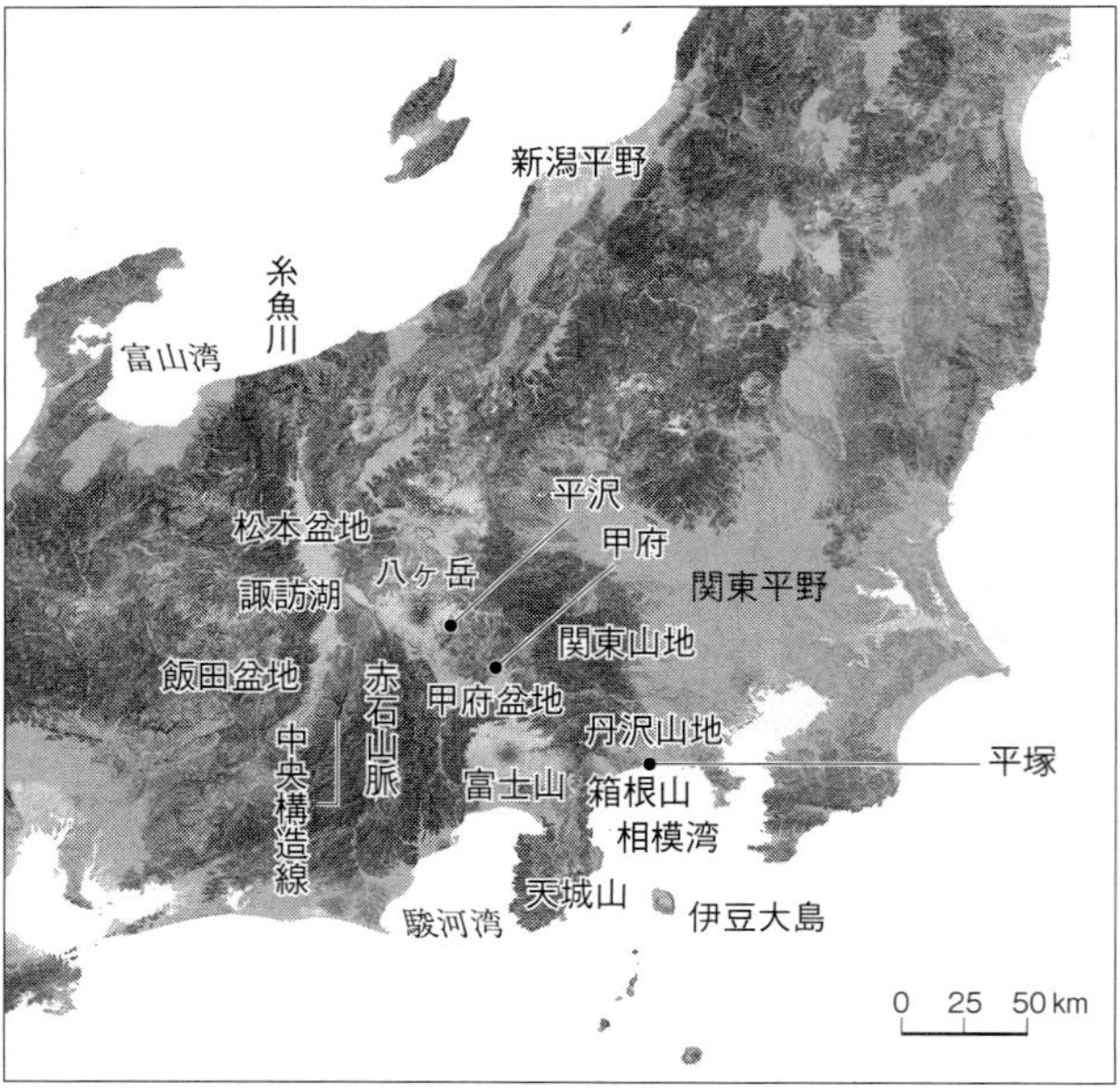

図0－4　上空の視点から見たフォッサマグナの地形
平坦な地面や凹地の両側に、高い山々が聳え立っている

伸びた松本盆地と、そこから南西に伸びた天竜川の河谷である飯田盆地、そして南東に拡がる甲府盆地です（図０－４）。ナウマンが見たのは、まるでインド平原からはるかヒマラヤ山脈を見上げるような光景だったことでしょう。記念すべき、１８７５（明治８）年11月13日の早朝のことでした。

その名は「フォッサマグナ」

この地形に関心を抱いたナウマンはその後も、この地域を二度、調査旅行で訪ねています。翌１８７６（明治９）年７月には、追分からルートを変えて高野、麦草峠を経て蓼科山を越え、上諏訪～下諏訪、塩尻峠から立山を越えて新潟へという行程で違う角度から観察しました。

その次はだいぶあとの１８８３（明治16）年７月で、東京から八王子、現在のＪＲ中央線に沿って小仏峠、猿橋と辿っていき、富士吉田から河口湖を経て御坂峠を越えて甲府へ、そして最後は天竜川を下って東京へ戻るというルートでした。この間には、待望の富士山にも登っています。富士吉田を朝８時に出発して午後５時に頂上に立ったそうですから、相当な健脚であったと思われます。

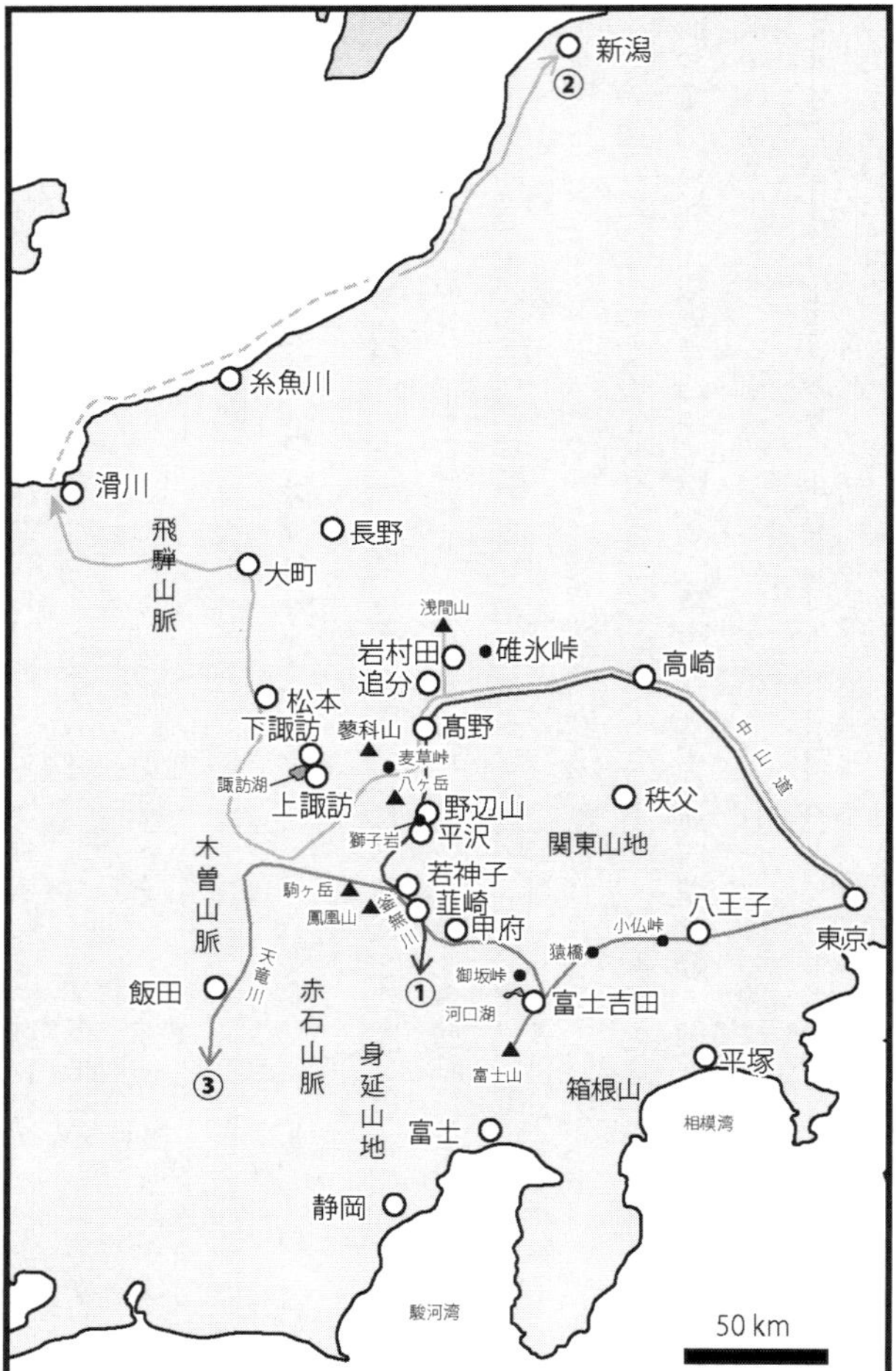

図0－5　ナウマンの３度にわたった調査旅行のルート
①〜③はナウマンが巡った順序を示す

このように都合3回も調査旅行に出かけていることからも、ナウマンのこの地形への強い関心がうかがえます（図０－５）。

１８８５年、ドイツに帰国したナウマンは、日本の地質についての論文を出版しました。その中でこの地形を、ドイツ語で「大きな低地帯」という意味の「grosser Graben」と名づけました。西南日本から続いてきた古い地質が、この地形との境界のところで急に低くなるので、この地帯を低地または凹地と考えたのです。しかし、Graben（グラーベン）は地質学では、「断層で両側が切られて落ち込んだ凹地」のことをいいます。ナウマンはそのような地形であるとは考えていなかったので、１８８６年にラテン語の「Fossa Magna」に変更しました。「Fossa」は「地溝」、「Magna」は「大きな」という意味です。これが、この地形の命名の語源になったのです。

「フォッサマグナ」は、その後、１４０年にもわたって、日本列島を考えるための「鍵」と考えられています。しかし、現在に至ってもなお、その成り立ちをはじめ、多くが謎に包まれたままなのです。

Column

フォッサマグナに会える場所

① ジオパークとは何か

みなさんがフォッサマグナをこの目で見てみたい、あるいは本書に出てくる関連スポットに行ってみたいと思われたら、「ジオパーク」に足を運ぶことをお勧めします。

ジオパークとは「大地の（ジオ）公園（パーク）」という意味で、地球に親しみ、楽しみながら学べる場所という基準で選ばれています。世界では2000年にヨーロッパの有志が立ち上げ、2004年には世界ジオパークネットワークが発足して、2018年4月現在で38ヵ国の140件が世界ジオパークに選ばれています。最も多いのは中国で37件、2位がスペイン（12件）、3位がイタリア（10件）、続いて4位が、伊豆半島が2018年に選ばれて9件となった日本です。

一方で、2009年には日本ジオパークネットワークが設立されました。趣旨は世界ジオパークと同様で、2018年現在、世界ジオパークに選ばれた9件を含む43件が選ばれています。

ジオパークに選ばれるには、地質学的に重要であることに加え、考古学的、生態学的、あるいは文化的のいずれか一つには価値があることが条件となっています。歴史や文化も評価されるのです。そして、環境や資源を将来につなぐために人々の意識を高める教育に資する場所であることも求められます。世界遺産との違いは、世界遺産は「保存」が重要ですが、ジオパークは保存だけでなく「教育」が重視されているという点です。

目には見えない地下６０００ｍという地溝の巨大さを想像し、１５００万年前にそれが形成されたときの地球科学的な大イベントに思いをめぐらせることができるフォッサマグナは、まさにジオパークにふさわしい場所です。そして実際に、日本のジオパークにはフォッサマグナに関連するところがいくつも選ばれています。「新顔」の伊豆半島も、南部フォッサマグナそのものです。

本書のコラムではこれから、フォッサマグナや、それに関連する７つのジオパークを紹介していきます。楽しみにしていてください。

地質年代表（単位：百万年）

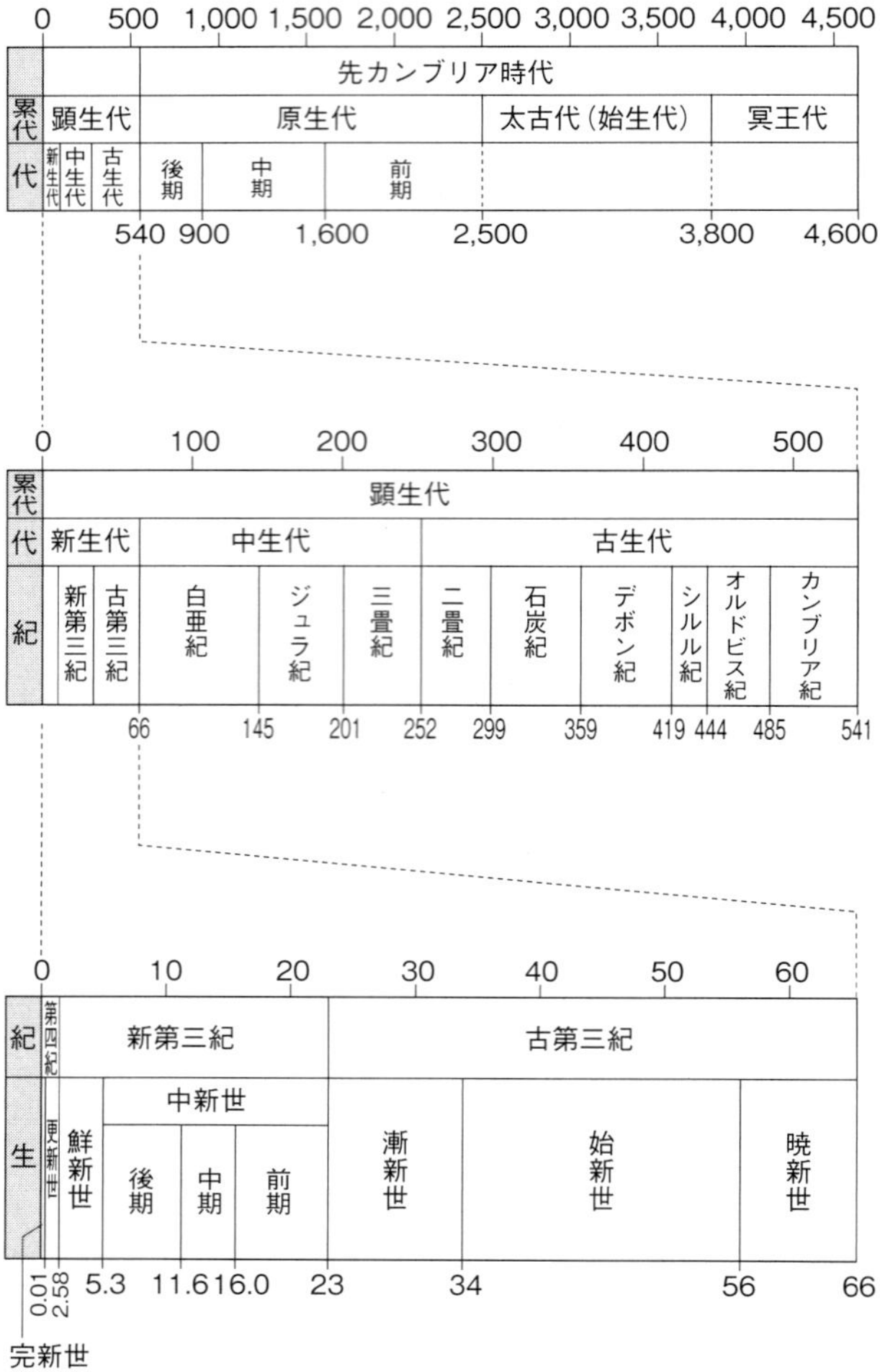

0
500
1,000
1,500
2,000
2,500
3,000
3,500
4,000
4,500
先カンブリア時代
累代
顕生代
原生代
太古代（始生代）
冥王代
代
新生代
中生代
古生代
後期
中期
前期
540
900
1,600
2,500
3,800
4,600
0
100
200
300
400
500
累代
顕生代
代
新生代
中生代
古生代
紀
新第三紀
古第三紀
白亜紀
ジュラ紀
三畳紀
二畳紀
石炭紀
デボン紀
シルル紀
オルドビス紀
カンブリア紀
66
145
201
252
299
359
419
444
485
541
0
10
20
30
40
50
60
紀
第四紀
新第三紀
古第三紀
生
更新世
鮮新世
中新世
後期
中期
前期
漸新世
始新世
暁新世
0.01
2.58
5.3
11.6
16.0
23
34
56
66
完新世

第1章

フォッサマグナとは何か

フォッサマグナ抜きに日本列島は語れない

あらためていうと「フォッサマグナ」とは、本州の中央部の、火山が南北に並んで本州を横断している細長い地帯のことを言います。ナウマンはフォッサマグナの範囲として、日本海側の新潟県糸魚川市〜高田平野付近から、太平洋側の静岡県旧清水市（現・静岡市清水区）〜神奈川県足柄平野付近に至るまでの広い地域を示しています。北から見ていくと、新潟県、長野県、山梨県、神奈川県、静岡県、東京都です。さらに関連する府県を入れると、富山県、岐阜県、群馬県を含む関東から中部日本となります（図1-1）。

東西に長く延びている日本列島は、このフォッサマグナ地域を境にして、地質的に分断されています。そして、フォッサマグナ地域とその東西では、地層や岩石などの地質がまったく異なっています。すなわち、フォッサマグナ地域の東西では約1〜3億年前の古い岩石が分布しているのに対し、フォッサマグナ地域の内部は、約2000万年前以降の新しい岩石でできているのです（図1-2）。

そして、現在ではボーリング調査によって、フォッサマグナは地下6000m以上もの溝であることがわかっています。3000m級の山が二つも重ねられるほどの深さです。おおまか

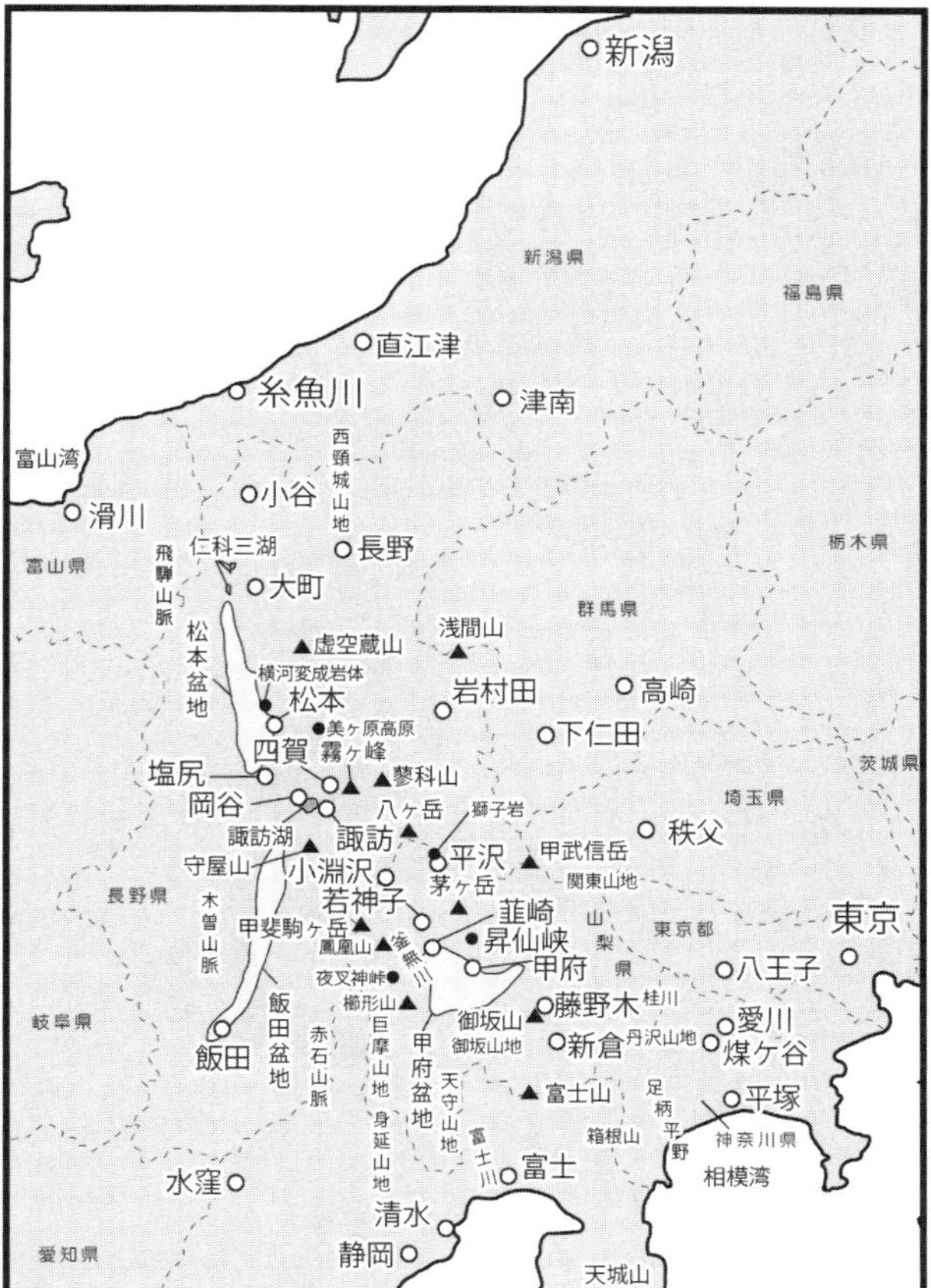

図1－1　ナウマンが定義したフォッサマグナ地域の範囲
本書に登場するおもな地名を記入したので、適宜参照されたい

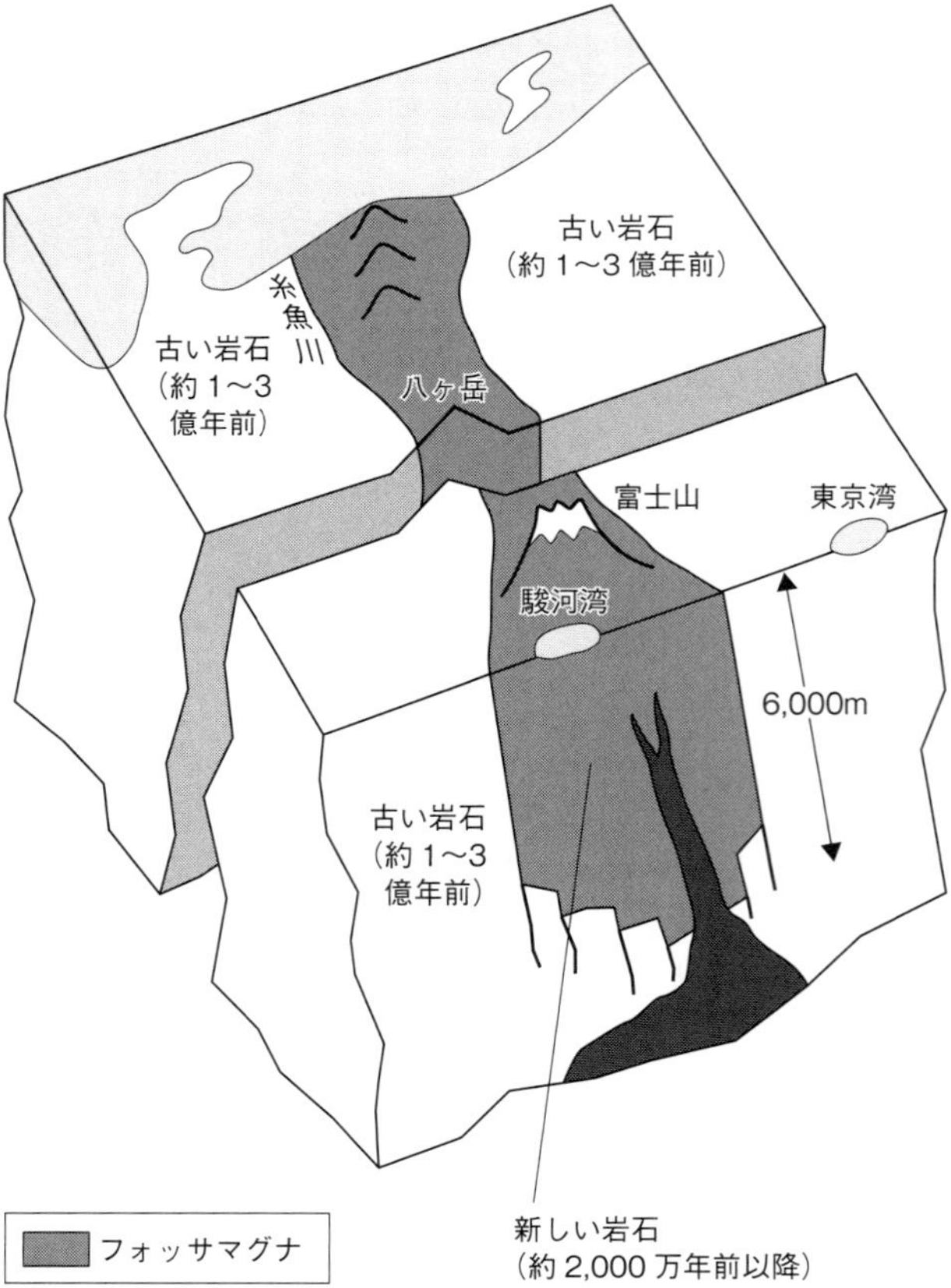

図1－2　フォッサマグナとその両側の岩石のイメージ
フォッサマグナの地質は東西両側よりもはるかに年代が新しい

にいえば、この溝を覆い隠すように堆積物が積み重なったのが、現在の中部日本なのです。

人間でいえば背骨のど真ん中にこのように巨大な溝を抱えているのですから、日本列島を理解するうえで、フォッサマグナを無視することなどできないのは道理です。日本列島の過去と未来は、フォッサマグナを抜きにしては語れないのです。

最近、とくに2010年以降になって、フォッサマグナについて国内外のさまざまな研究者たちが議論を始めています。フォッサマグナへの関心が活性化してきているように感じます。新しい手法によって日本列島の研究が進み、もう一度、日本列島の成り立ちを考え直そうという時期に来ているからだと思います。

しかし、フォッサマグナについては依然として、その成り立ちも、そもそもどこからどこまでがフォッサマグナなのかさえも、はっきりとわかっていません。無謀にもその数々の謎に挑戦してみようというのが、本書の試みです。

この章ではまず、もう少しみなさんにフォッサマグナについてより明確にイメージしていただけるような紹介をしていきます。

最初は、日本列島の中でフォッサマグナはどう位置づけられるか、という巨視的な話です。

五つの島弧─海溝系

日本列島とは、アジアの東の端に弓のように張り出した島の列です。このような島の列を「弧状列島」（あるいは花綵《かさい》列島）とも、簡単に「島弧《とうこ》」ともいいます。試みに日本地図をさかさまにして北極、あるいはロシアから眺めると、日本列島はまるで〝アジアの防波堤〞のように見えます（図1－3）。富山大学など、日本海側の大学ではこのように日本の地形図をさかさまにしたもので講義をすることがあり、そうするといままで見えなかった日本列島の地理的な特性や、日本の地政学的な立場などに気がつくこともあるようです。

さて、島弧は必ず、その海側に「海溝」をともなっています。海溝とは水深が6000ｍを超える溝状の細長い地形です。この組み合わせを「島弧─海溝系」と呼んでいます。すぐあとでくわしく述べますが、地球は何枚もの「プレート」で覆われていて、それには海のプレートと陸のプレートがあります。海のプレートは移動して、海溝のところで陸のプレートの下に沈み込んでいます。沈み込んだプレートが地下のある深さに達すると、沈み込まれた側ではマントルが融解して、マグマとなります。マグマはやがて地上に噴き出します。これが火山です。火山はプレートが沈み込む線に沿って、弓なりに列をつくります。このような火山列が海の中

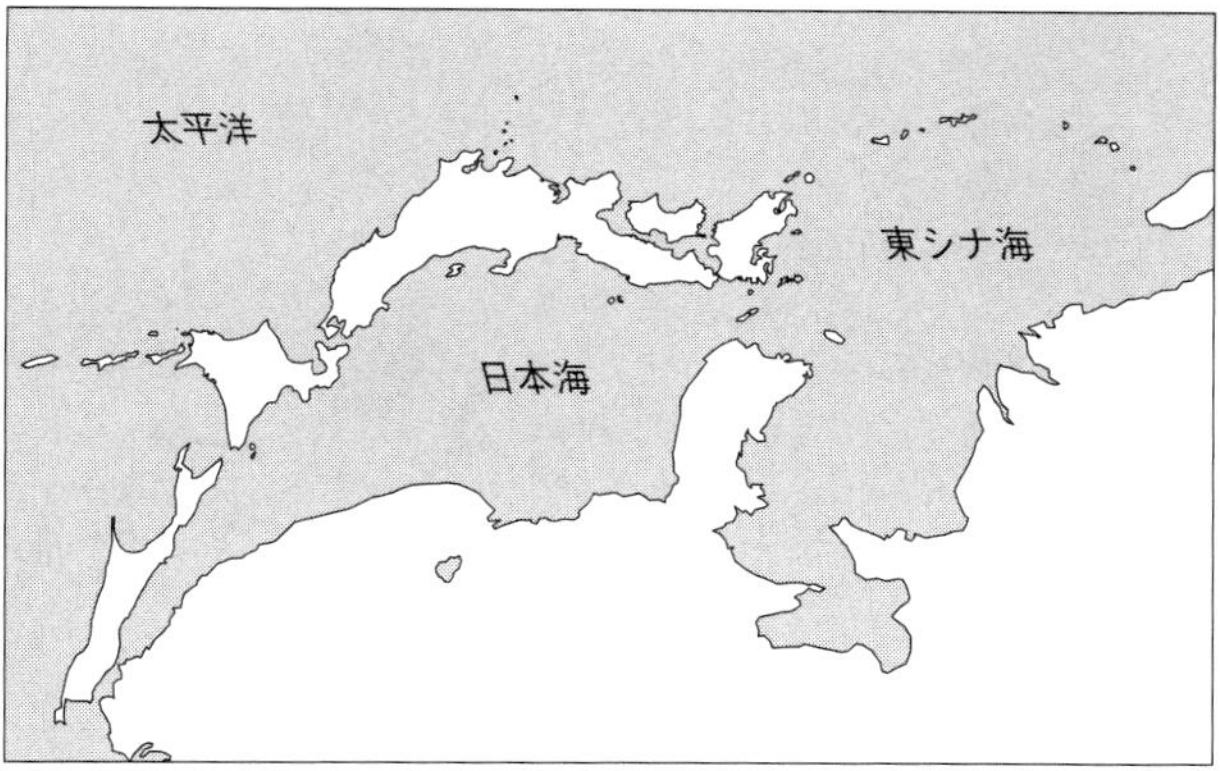

図１－３　さかさまにした日本列島

から顔を出したものが島弧です（図１－４）。

島弧と海溝が必ずセットになっているのは、こういう理由からなのです。島弧―海溝系は本書ではしばしば出てくる言葉ですので、よく覚えておいてください。また、島弧ができたときに、海溝に最も近い火山の列を「火山フロント」といいます。

日本列島はこのような島弧―海溝系が５つ、合わさってできています。北から千島弧と千島海溝、東北日本弧と日本海溝、中部の伊豆・小笠原弧と伊豆・小笠原海溝、西へ行くと西南日本弧と南海トラフ（海溝）、そして琉球弧と琉球海溝です（図１－５）。トラフとは水深が６０００ｍより浅い和舟のような形をした地形のことですが、南海トラフの場合は底には２０００ｍ以上の堆積物が存在するので、それを取り去ると海溝と同じ深さになります。

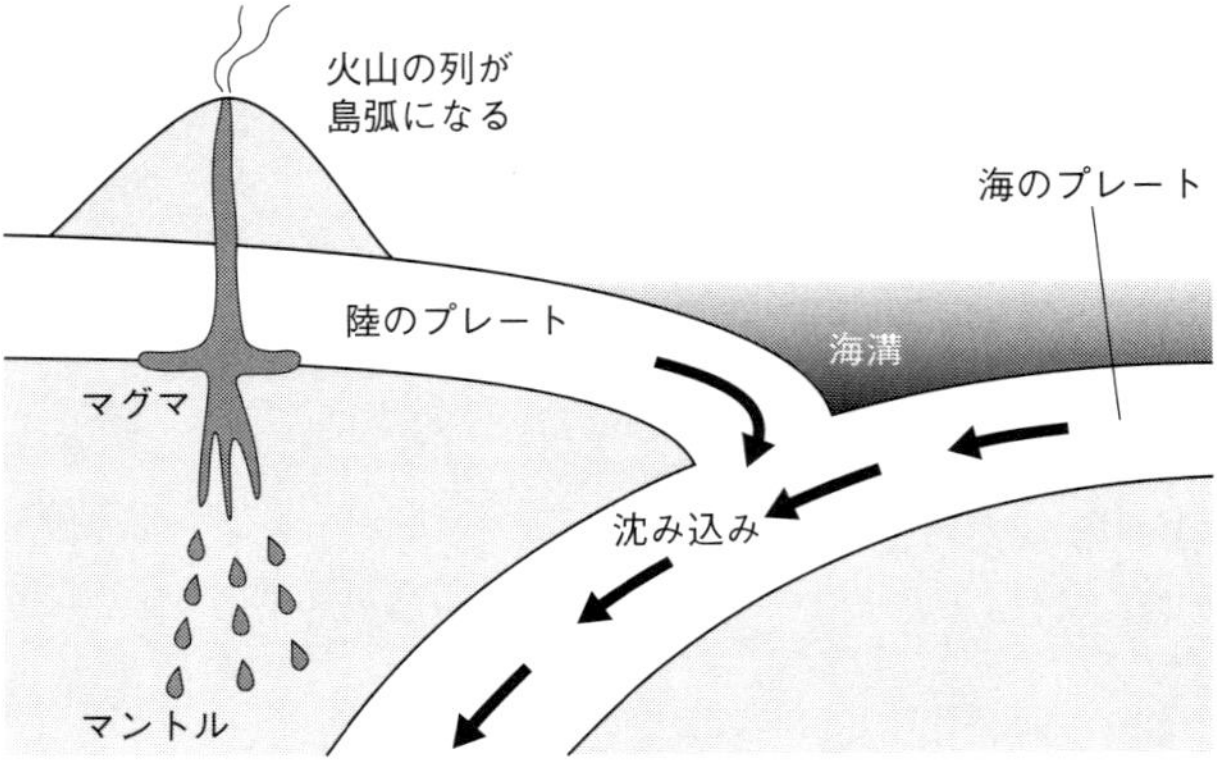

図1－4　島弧―海溝系のイメージ
プレートが沈み込むと融けてマグマとなり、火山をつくる。火山の列が島弧になる

プレートについてはみなさんもよくご存じかと思います。プレートとは地球表層をとりまく厚さ100㎞ほどの硬い岩盤のことで、日本には4つのプレートがせめぎ合っています。それらには海のプレートと陸のプレートがあります。

海からは、太平洋プレートとフィリピン海プレートが押し寄せています。大陸からは、ユーラシアプレートが迫っています。そして東北日本や北海道は、北米プレートからなっています。

これらのプレートの境界が、陸や海に見られます（図1－6）。北米プレートと太平洋プレートの境界は日本海溝です。太平洋プレートとフィリピン海プレートの境界は伊豆・小笠原海

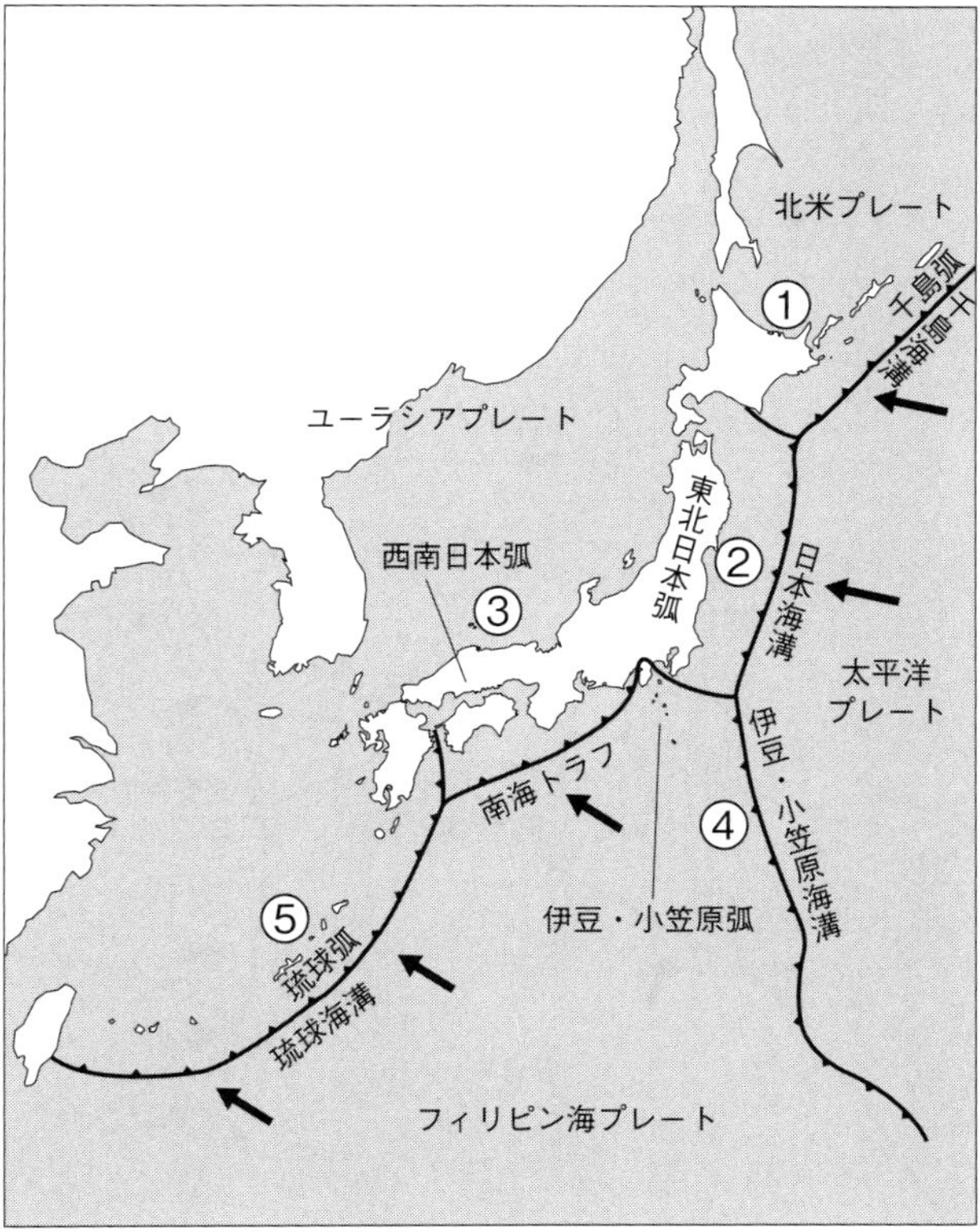

図1－5　日本列島は5つの島弧―海溝系でできている
①千島弧と千島海溝系
②東北日本弧と日本海溝
③西南日本弧と南海トラフ
④伊豆・小笠原弧と伊豆・小笠原海溝
⑤琉球弧と琉球海溝
（木村2002を改変）

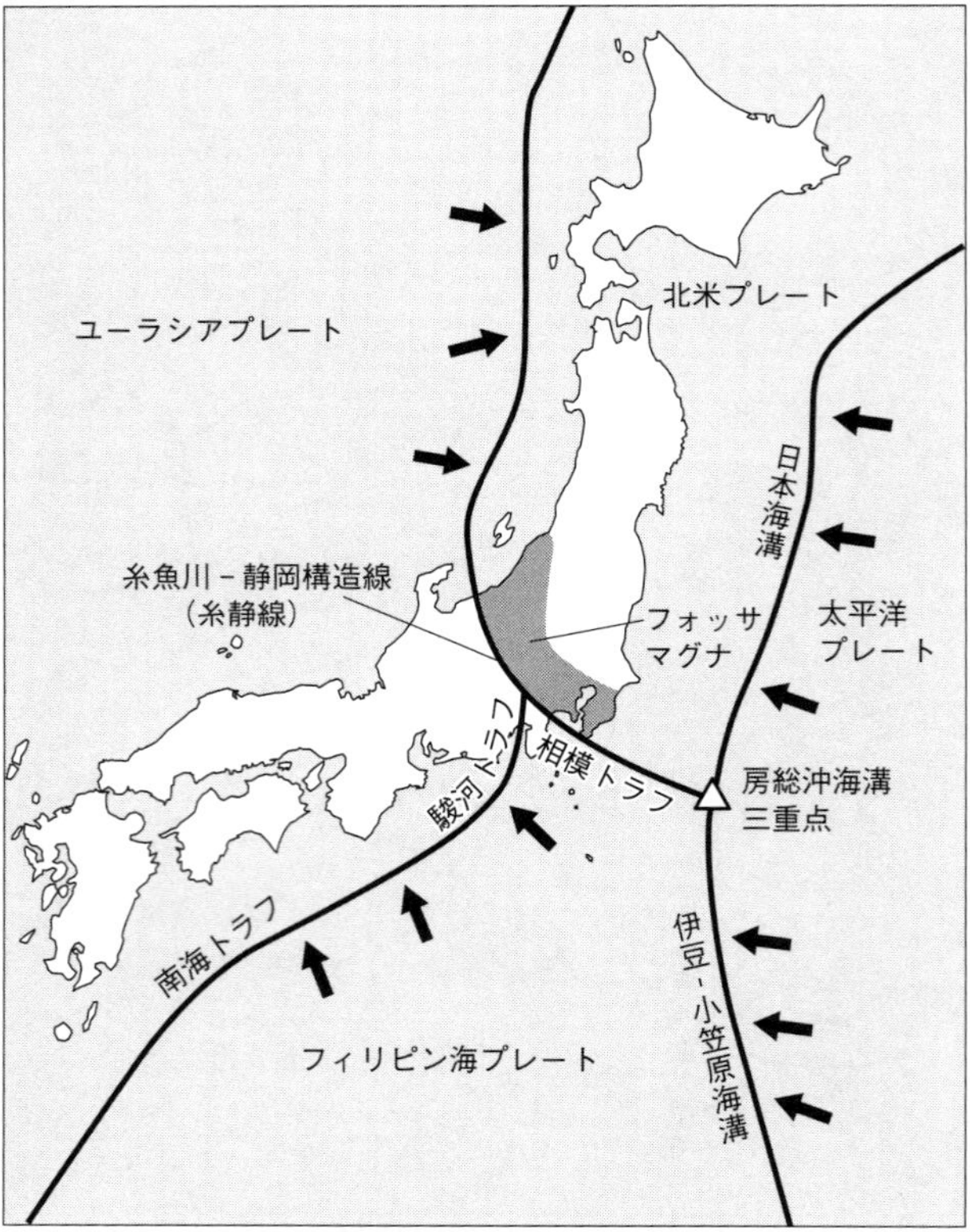

図1－6　日本列島でせめぎあう４枚のプレート
ユーラシアプレートと北米プレートの境界である糸魚川―静岡構造線はフォッサマグナの西端と考えられている

溝です。フィリピン海プレートと北米プレートの境界は相模トラフです。ユーラシアプレートとフィリピン海プレートの境界は駿河トラフになります。相模トラフ、駿河トラフもやはり、海溝と同じものです。ユーラシアプレートと北米プレートの境界は陸にあって、糸魚川―静岡構造線という大きな断層だと考えられています。

ところで、図1－6を見ていて目を引くのは、北米プレート、太平洋プレート、フィリピン海プレートのそれぞれの境界、つまり日本海溝、伊豆・小笠原海溝、相模トラフの三つの海溝は一点で交わっているということです。これを房総沖海溝三重点といいます。この三重点が本書ではあとで重要な意味をもってきます。

このようにプレートの境界はほとんどが海の中の海溝です。そこでは海側のプレートが陸側のプレートの下に沈み込んでいて、プレートどうしのせめぎ合いが起こっています。これが「プレートテクトニクス」です。4枚のプレートがひしめく日本列島はたびたび巨大地震に見舞われるなど、数奇な変遷を繰り返してきました。そしてフォッサマグナについても、プレートテクトニクスを通して考えなければ理解できないのです。

日本列島から見たフォッサマグナ

ところで、日本列島をよく見ると、その細長い島弧は、中部日本を中心に折れ曲がっているようにも見えます。中部日本を境にして、西南日本は北東―南西方向に伸びていますが、東北日本はほぼ南北に延びていて、島弧がちょうどひらがなの「く」の字を逆さまにしたような形になっています。

その一方で、日本列島の地質構造をたどっていくと別のものが見えてきます。

日本列島は、東西にほぼまっすぐに「中央構造線」が走っていることが大きな特徴です。中央構造線についてはのちにまたくわしく述べますが、日本列島の地質を南（太平洋側）と北（日本海側）に二分する断層で、フォッサマグナと並んで、日本列島において最も重要な地形です。中央構造線を発見したのも、ナウマンでした。よく見ると西南日本では、中央構造線は九州から静岡までほぼ北東―南西方向に、いわば右肩上がりに続いていますが、糸魚川―静岡構造線にぶつかると、ぴたりと消えてしまいます。そして、その東の関東山地で中央構造線が復活すると、その伸びの方向が今度は北西―南東方向に、いわば右肩下がりに変わっていま す。ちょうどフォッサマグナを境に構造線が漢字の「八」の字を書いたような格好になってい

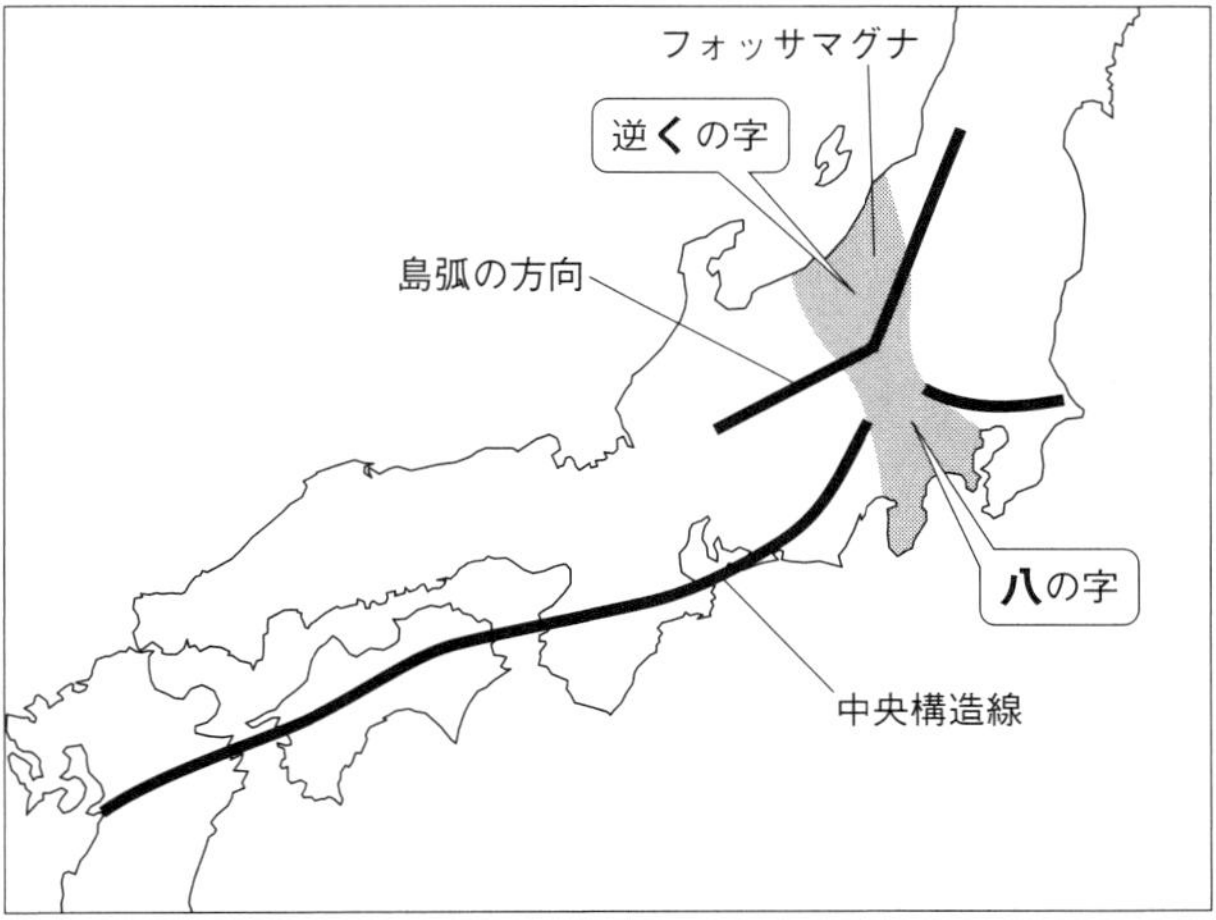

図1－7　日本列島の不思議な特徴
島弧の方向は「逆くの字」に、中央構造線は「八の字」に曲がっている

るのです。

　つまり、日本列島を俯瞰すると、島弧は逆の「く」の字を描き、中央構造線は漢字の「八」の字を描いているという特色があります（図1－7）。そして、そのどちらも、フォッサマグナが折れ目になっているのです。

　実はこれが、日本列島にフォッサマグナがもたらした影響を示すものであり、のちにくわしく述べますが、大きな謎でもあります。

フォッサマグナの「東西問題」

　次に、もう少しフォッサマグナそのものにフォーカスして、その内部や周辺の地形や地質などの特徴を見ていきます。まずは、フォッサマグナの西側の境界についてです。

ナウマンが示したフォッサマグナ地域は、西側の境界線は明瞭です。それは新潟県の糸魚川から静岡県までの糸魚川―静岡構造線であり、直線距離で約250㎞の断層です（図1‐8）。この名称は1918年に日本の地質学の先駆者となった矢部長克《ひさかつ》が命名しました。ただ、少し長いので、本書では以下、「糸静線」と表記します。

断層にも身近な地層で見られる小さなものから、衛星写真でなければわからない大きなものまでありますが、地質学的に重要な第一級の断層のことを「構造線」と呼んでいます。さきほど述べた中央構造線は日本最大級の断層です。そして糸静線も、落差が数千m以上にも達する大断層です。

断層の深さを知るには「基盤岩」というものを手がかりにします。ある場所に「もの」がたまるためには、「底」がなければなりません。この底に相当するものが基盤岩です。ある断層を掘っていって基盤岩となる岩が見つかれば、その断層は少なくとも、その基盤岩の年代の地層よりは新しい（浅い）ことがわかるわけです。たとえば、地質時代の区分でいえば第四紀（258万年前～現在）の地層がたまるためには、少なくとも第四紀より古い底が必要なので、その前の鮮新世の岩が基盤岩になり、その年代の地層よりは新しいということがわかるのです

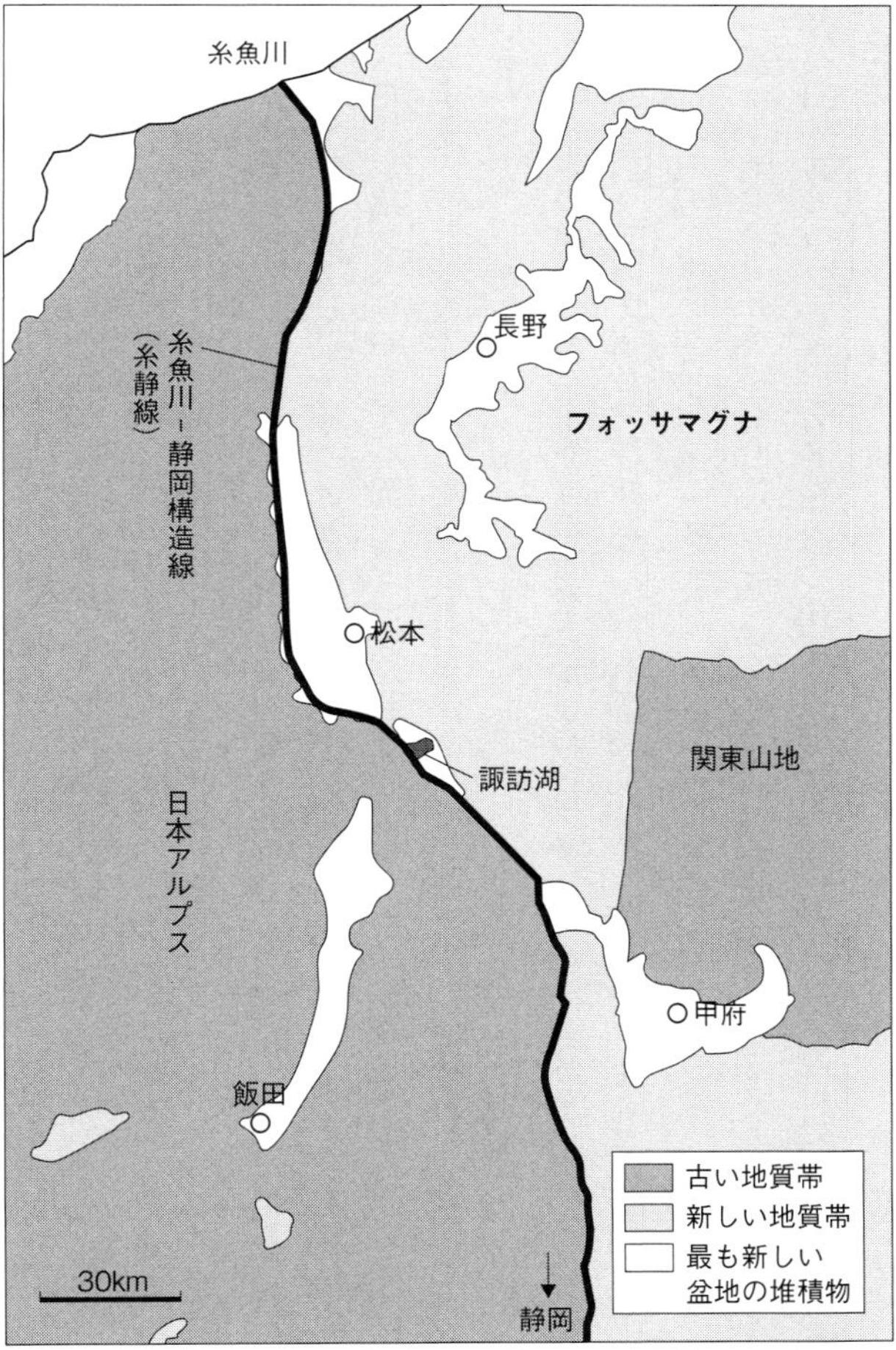

図1－8　フォッサマグナの西側境界は糸魚川—静岡構造線
古い地質と新しい地質が糸静線ではっきりと分断されている

（地質時代区分については32ページの表を参照してください）。

糸静線では、その西側（フォッサマグナより外側）に日本アルプスの飛騨山脈や木曽山脈、赤石山脈など、古生代（約5億4000万年～約2億5000万年前）から中生代（約2億5000万年～約6600万年前）の古い基盤岩が高く聳えています。しかし、東側（フォッサマグナの内側）には、新生代（約6600万年～約258万年前）の新しい堆積岩や火山噴出物の地層が分布しています。糸静線の西と東、つまりフォッサマグナの西側境界の外と内では、地質年代が大きく異なっていることがわかります。フォッサマグナの内部では、新生代の地層よりずっと下の、深いところに基盤岩があって、その上に堆積岩が積み重なったと考えられるのです。

しかし本当のところ、糸静線の断層、すなわちフォッサマグナがどのくらい深いのかは、いまだにわかっていません。これまでにボーリングによる掘削調査は何度も試みられているのですが、基盤岩に達するまで掘り抜いたことは一度もないのです（図1-9）。フォッサマグナの深さが6000mといわれているのは、あくまでも推定です。少なくともいえるのは、隣接する日本アルプスの3000m級の山々との落差は、およそ1万mにも達するということです。

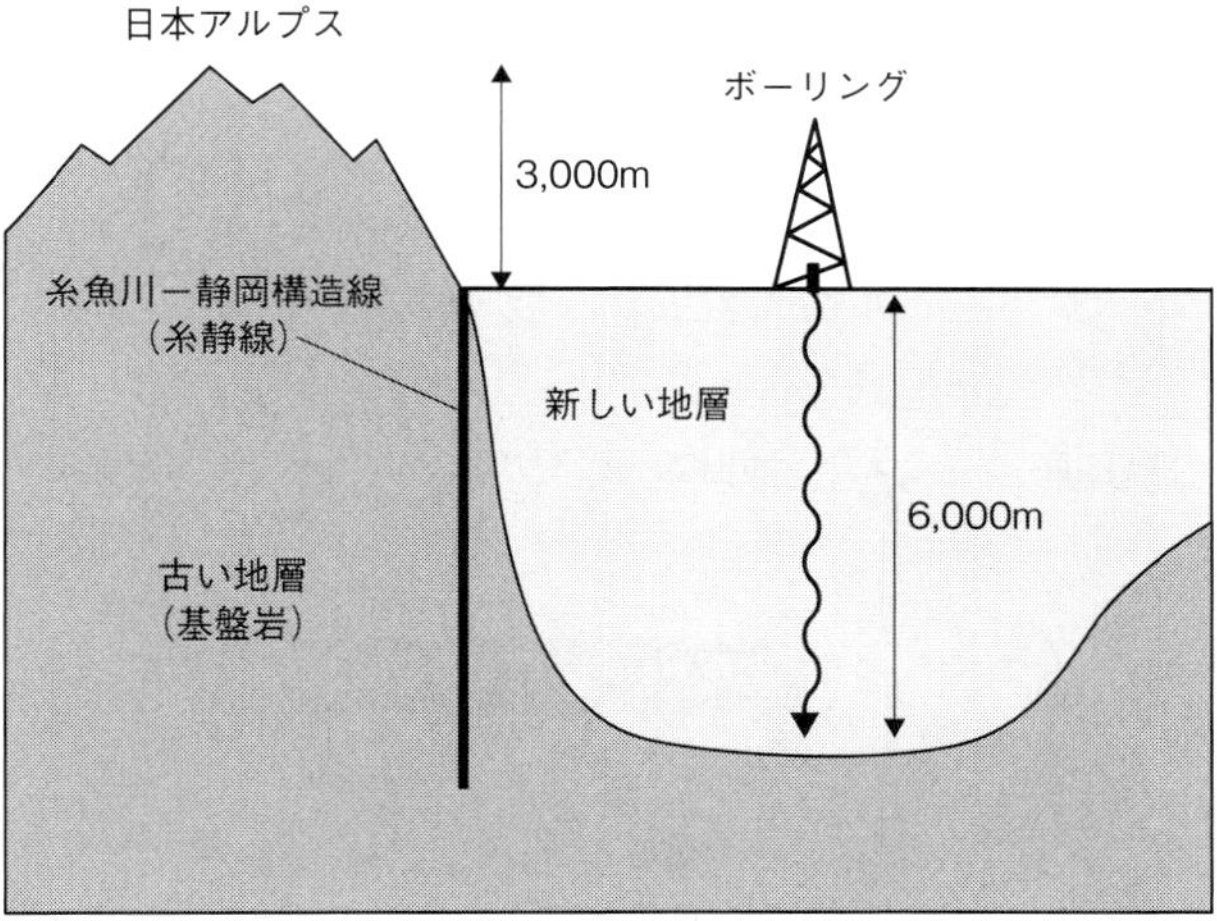

図1－9　フォッサマグナ西側境界の断面
ボーリングでも基盤岩には達していない

ところで、ナウマンはフォッサマグナの西側の境界線となる糸静線をほぼ一直線に走っていると考えていましたが、正しくはまっすぐな直線ではなく、大まかにはアルファベットのS字状を描く断層であることが地質調査でわかってきました。糸魚川から諏訪湖あたりまでは南北方向（北北東—南南西）、諏訪湖から甲府までは北西—南東方向、そして甲府から静岡までは再び南北方向に変化しているのです（図１－８参照）。

断層そのものも１本ではなく、短いセグメント（小分け）の集まりであることがわかってきました（図１－１０）。２０１４年に最大震度６弱の地震を起こした神城《かみしろ》断層

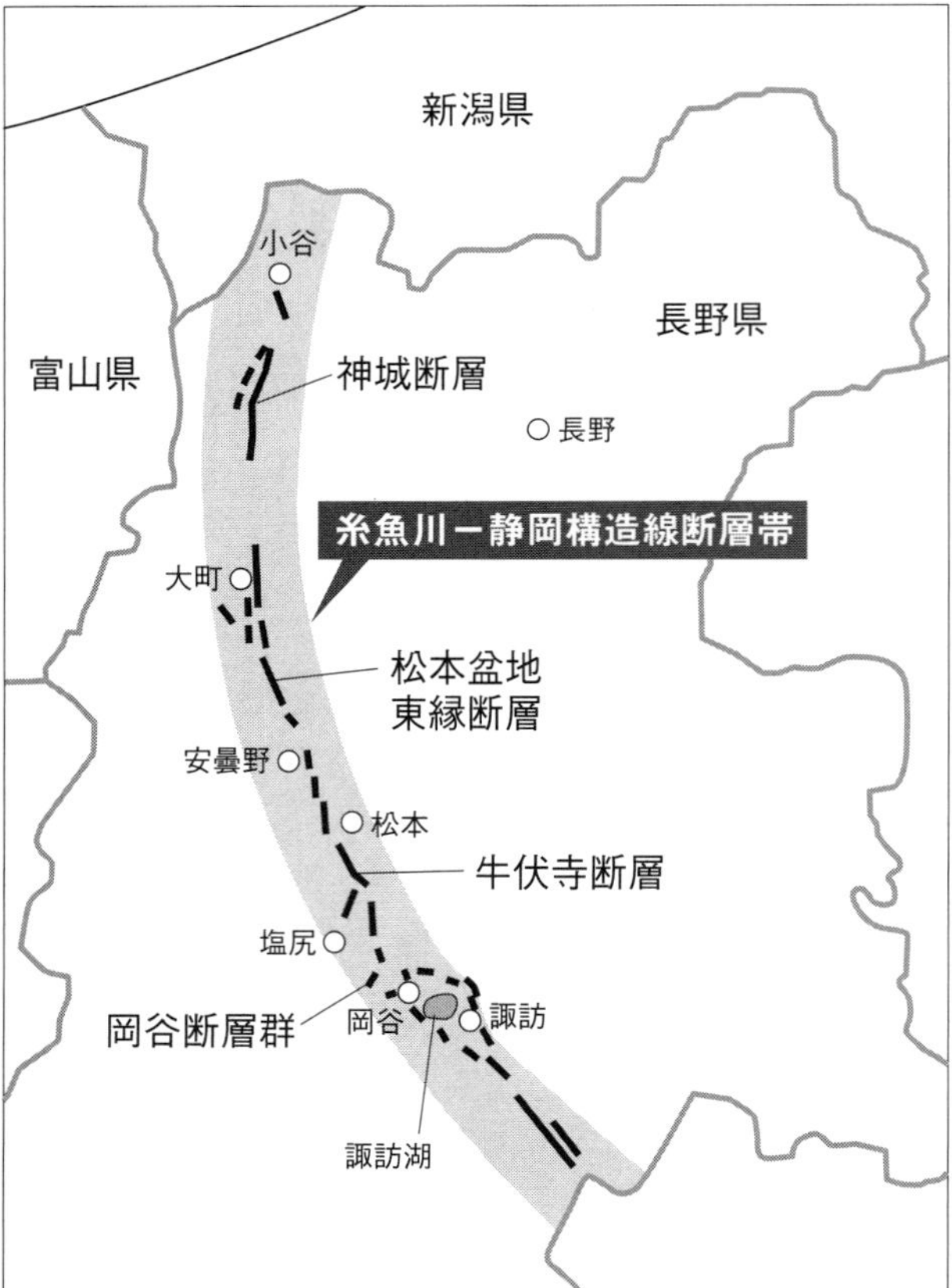

図1－10　糸魚川―静岡構造線は複数の断層の集まり
その意味で「糸魚川―静岡構造線断層帯」とも呼ばれる

もその一つです。諏訪湖周辺では岡谷断層群などとも呼ばれ、同じ走向（断層などの面と水平面との交線の方向）に何本も断層が走っています。

大きな地質の境界は松本盆地の東縁付近にある松本盆地東縁断層で、東側が上昇するような正断層であると考えられています（断層の種類は図1－11に示しました）。これに対して塩尻あたりより南の糸静線は、逆に西側が上昇するような逆断層となっています。

こうした糸静線の逆断層は、新第三紀の後期（約２３０万年前）以降でみられます。このことから、糸静線の活動や形成は、おもに第四紀に入ってからであろうと考えられます。これはフォッサマグナの西側の境界を考えるうえで重要です。つまり、現在われわれが見ている西側の境界は、最初にフォッサマグナが形成されたあとで糸静線の活動によって大きく改変している可能性が高いということです。

では、一方のフォッサマグナの東側の境界線はどこにあるのでしょうか。実は、ナウマンがフォッサマグナを提唱したとき以来、現在に至るまで、東側の明確な境界となる断層は見つかっていないのです。

まず、ナウマンはフォッサマグナの「東端」を、新潟県の高田平野から神奈川県の小田原あるいは平塚付近で相模湾に入る構造線としています。しかし、その付近では基盤岩と新しい地

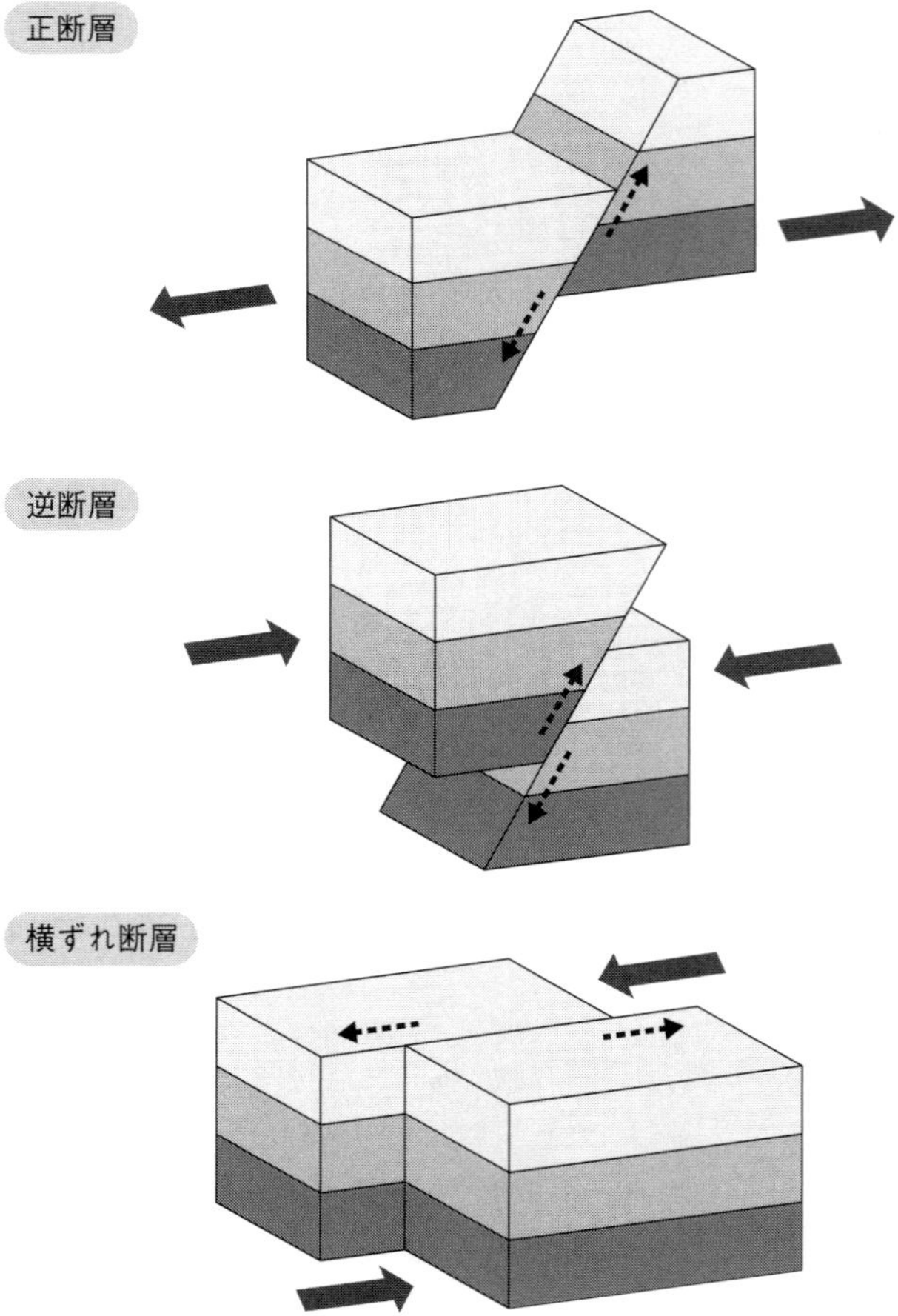

図1－11　断層の種類
正断層……両側から引っ張られて生じる
逆断層……両側から圧縮されて生じる
横ずれ断層……断層面に平行に生じる
※プレートどうしの横ずれ断層は「**トランスフォーム断層**」と呼ばれる

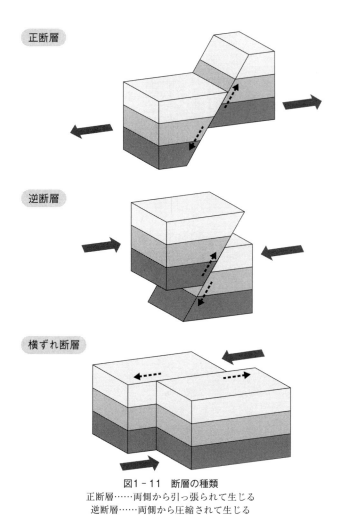

層が入り組んでいて、糸静線のように日本海から太平洋に抜ける明確な断層は存在しません。

重力測定といって、場所ごとの重力を測ることで、地殻の厚さや構成物質を知る方法があります。重力は地殻の密度が小さいと小さくなり、密度が大きいと大きくなるからです。これを「重力異常」といいます。フォッサマグナの東側を重力測定したところ、八ヶ岳の厚い火山岩が邪魔をして境界がよくわかりませんでしたが、八ヶ岳の東側のＪＲ小海線に沿って、急な重力異常が見られたのです。それは岩村田－若神子構造線と呼ばれる断層にほぼ一致していました。関東山地の研究などで名高い藤本治義は、これをフォッサマグナの東縁と考えています。

しかし、岩村田－若神子構造線はフォッサマグナを出たあと、北東方向に延びて新潟県に向かっていますので、本州を南北に縦断するフォッサマグナの東縁とするのは難しいかもしれません（フォッサマグナができたあとで断層が動いた可能性はありますが）。

ほかにも、新潟県の柏崎からほぼ直線的に千葉県に至る柏崎－千葉構造線を東縁とみなす意見もありましたが、これは大部分がフォッサマグナ誕生以前の基盤岩類か、あるいはもっと新しい時代にできた断層であり、フォッサマグナの東縁と考えるのは難しいようです。

このように、フォッサマグナの西側の境界は糸静線でおよそ見解の一致をみているものの、東縁はいまだにどの断層なのかがはっきりしていません（図1－12）。これはフォッサマグナの「東西問題」とでもいうべき謎なのです。

フォッサマグナの「南北問題」

図1－12　フォッサマグナの東端はどこか
岩村田―若神子構造線、柏崎―千葉構造線などが候補になっているが、特定するのは難しい

フォッサマグナを地質的に見れば、「南部フォッサマグナ」と「北部フォッサマグナ」とに区別したほうがいいかもしれません。というのも、南部と北部では、成因がまったく違うと考えられているからです。

南北の境界は決して明瞭なものではありませんが、北部はおおよそ諏訪湖から北側、南部は韮崎から南側の範囲を指す人が多いようです（図1－13）。

まず、北部フォッサマグナの地質から見ていくと、そこに分布する地層は、第四紀に形成された火山性物質を除くと、砂岩や泥岩などの堆積岩が多く、それらのほとんどがおよそ１６０万年前から継続的に、海底に堆積した地層です。

同様の地層は、新潟県から秋田県の日本海側に分布しています。「秋田―新潟油田褶曲《しゅうきょく》帯」と呼ばれ、石油や天然ガスを産出することで有名です。その理由は、地層が厚いことと、石油

図1－13　フォッサマグナの南部と北部
北部の褶曲は秋田—新潟油田褶曲帯につながっている

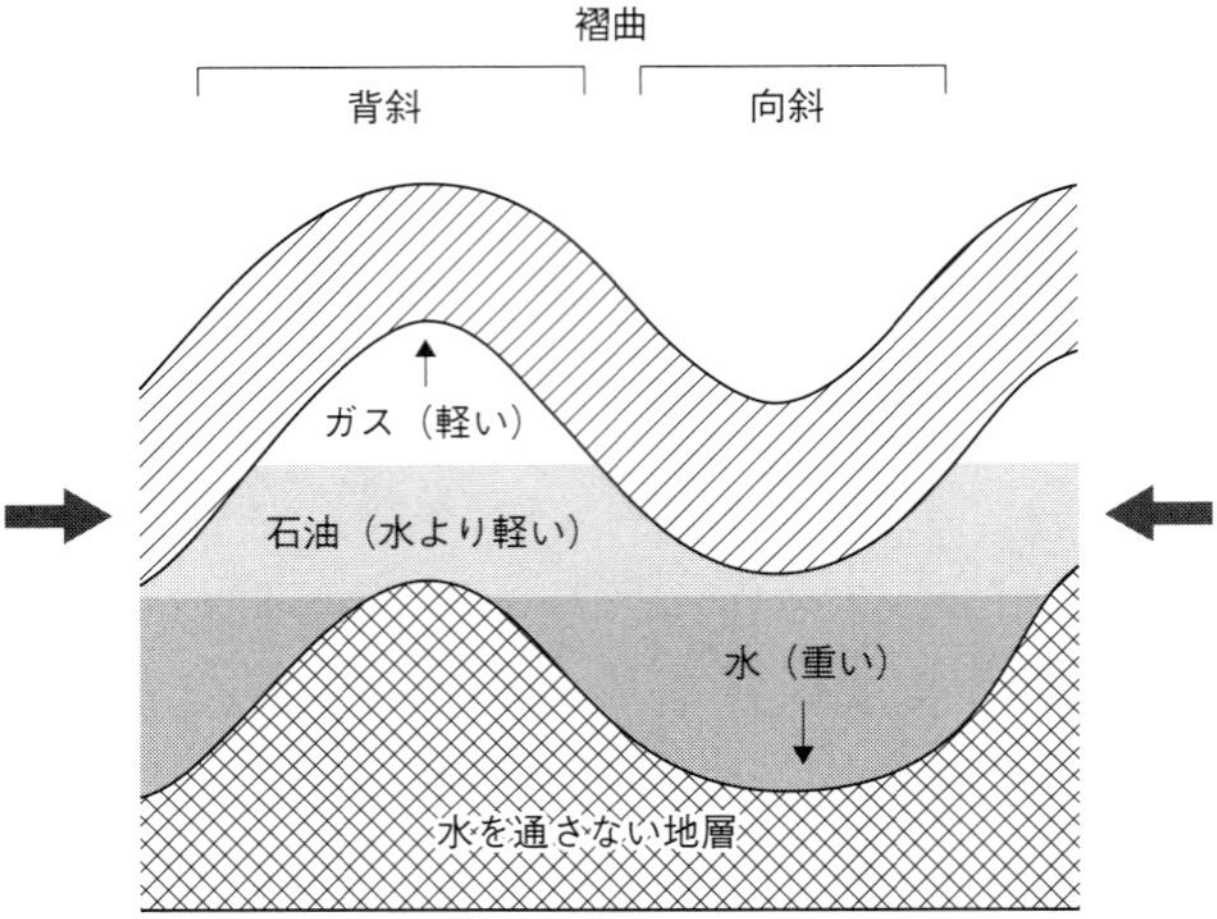

図1－14　褶曲のでき方と背斜に石油がたまるしくみ
背斜では水より軽い天然ガスや石油がたまる空間ができる

や天然ガスがたまりやすい「褶曲」という地質構造にあります。

褶曲とは、大地を両側から押す力が加わって、地面が歪んだ状態をいいます。急激に押すと断層ができ、ゆっくり押すと褶曲になります。このとき、地面の褶曲は凹形の「向斜」と、凸形の「背斜」という二つの形状をとります。このうちの背斜が、地層と地層の隙間に石油や天然ガスが溜まりやすい構造なのです（図1－14）。

こうした構造は、比較的年代が新しくきれいな地層が造山運動によって褶曲することでできます。まさに中東はそうした地層の宝庫です。日本も造山運動は活発でしたが、度重なる地震によって地層がずたずたにちぎれてしまっているため、残念ながら石油は溜まりません。秋田―新潟油田褶曲帯は数少ない例外なのです。

そして北部フォッサマグナも、同じように地層は褶曲しています。秋田―新潟油田褶曲帯に連続しているのです。このことは、どちらも同じ時期に形成され、その後、1000万年以上もかけて堆積したことを意味しています。つまり、北部フォッサマグナの地層は〝その場所〟（地質学では英語で*in situ*といいます）で堆積した厚い地層が、その後の地殻変動によって褶曲している地域なのです。

次に、南部フォッサマグナの地質を見ていきます。諏訪湖から南は、八ヶ岳からの火山噴出物が地形的な高まりを形成しています。中央自動車道では中央道原や八ヶ岳のパーキングエリアあたりです。この地下のどこかに中央構造線が走っている可能性があります。その南には、広大な甲府盆地が広がっています。さらにその南は東西方向に伸びる御坂山地、西側には巨摩山地がほぼ南北に走り、富士川河谷が糸静線に沿って甲府盆地から流れ出て、駿河湾に注いでいます。

南部フォッサマグナの地質は、北部フォッサマグナのみならず、日本のどの地域の地質ともまったく異なる特徴をもっています。

たとえば南部フォッサマグナを代表する丹沢山地は、厚さが数千ｍに達する海底火山の噴出物からなり、中央部には巨大なトーナル岩（花崗岩の仲間）が貫入しています。また、御坂《みさか》山地や櫛形《くしがた》山地でも、海底に噴出した火山岩などが多く見られます。これらの地層は一定の期間をおいて間欠的に堆積したもので、長時間をかけて継続的に堆積した北部フォッサマグナの地層とは対照的です。

南部フォッサマグナは地質的に世界でもまれな場所に位置していて、そのことがこの地域の地質学的理解を困難にしてきました。北部と南部でなぜこれほどまでに地質が違うのか、これはフォッサマグナの「南北問題」ともいうべきものですが、多くの研究によって、その理由が明らかにされてきました。こうした南北の地質の違いは、南部フォッサマグナの地層が、〝その場所（*in situ*）〟で形成されたものではないことに起因しているのです。

では、それはどのようにしてできたのかについては、これから考えていきます。

フォッサマグナの地質学的特徴

地質学者の松田時彦は、フォッサマグナの地質学的な特徴として以下の４つをあげています。

（１）フォッサマグナは本州中部を横断する火山帯である

火山帯が島弧を横断しているところは日本でこの地域だけです。おそらく世界でも、ほかに例がないでしょう。

（２）海成層が内部に入り込んでいる

フォッサマグナでは、西南日本から続いてきた山地の古い地層が、新第三紀の海成層（海底にできた地層）の下に入り込んで隠されています。したがって中新世の中頃（１５００万年前）には、日本海側の海と太平洋側の海とが、この地域でつながっていた可能性もあると考えられています。

（３）フォッサマグナは顕著な隆起をした

フォッサマグナの内部には、山体が新第三紀の海成層からなる西頸城《くびき》山地や、標高１５００～２０００ｍにも達する高い美ヶ原高原などがあります。日本海沿岸の平野部（新潟油田地域）では、新第三紀層が現在、海面下４０００ｍ以下という深いところにあるのと比べると、フォッサマグナでは新第三紀以後の隆起が大きいことがわかります。

南部でも厚さ５０００ｍ以上の深海の海成層が隆起して、現在は巨摩《こま》山地や御坂―天守山地などの海抜２０００ｍに達する山地をつくっています。丹沢山地もほぼ同様の隆起をしています。日本でこれほどの隆起が起こった場所はほかにありません。
（4）本州中部を横切るように南北性の地質構造（断層や褶曲）ができている
すでに見てきたように、フォッサマグナ西縁の糸静線や、それにほぼ並行する逆断層や褶曲構造は、本州を横切るように南北に走っています。北部フォッサマグナを南北に走る小谷─中山断層も、その例です。さらには、新潟油田地域にある北北東方向（いわゆる新潟方向）の構造も、フォッサマグナに近づくと次第に南北方向になるのです。

南部フォッサマグナでも西縁付近の逆断層帯は、西南日本から続く構造とは不連続で、ほぼ南北方向です。

これらの特徴は、次の章であげていくフォッサマグナの謎にもつながるものです。

地質学とは何か

ここで、私も専門としている地質学（あるいは地球科学）という学問について、少し述べておきましょう。

地質学とは、もともとは珍しい鉱物や化石の収集・研究が始まりでした。その後、それらの鉱物や化石を含む地層がどのような歴史を経て、どのような環境、物理・化学条件で形成されてきたのかに注意が払われるようになっていきました。

私たち地質学者が研究を行う手法は、いわば探偵が殺人事件の全貌を明らかにするのとよく似ています。私は推理小説やミステリー映画が好きで、アルセーヌ・ルパン、シャーロック・ホームズ、金田一耕助などの登場する本を読みあさったり、刑事コロンボ、アガサ・クリスティなどの映画を好んで鑑賞したりしてきました。名探偵はいつ、どこで、誰が、何を、なぜ、どのように、のいわゆる「5W1H」について、証拠捜しや聞き込みなどによってありとあらゆる材料を手に入れます。そして、それらの材料を用いて事件の動機や殺害の方法などを時系列にしたがって矛盾なく説明します。こうして事件の全貌がわかれば、一件落着です。

その際、犯人の割り出しには消去法を用います。アリバイのある人間を除いていくのです。アリバイは地質学では、いわば時間や年代です。探偵の用いるこのような手法は、実は地質学の手法そのものなのです。

たとえば白亜紀の終わりに、恐竜が絶滅するという地球史上に大きなインパクトを与えた大事件が起こりました。この事件がなぜ起きたのかは、数学や物理のように実験式や理論では説明できません。実験の条件のうち、どうしても時間を克服できないからです。人間の寿命を超えて起こることは、再現できません。山脈が100万年もかかってできる現象は到底再現できませんから、結局は短い時間で観察できることをあてはめるしかないのです。「時間」が地球科学の限界です。

だからこそ、できるだけたくさんの状況証拠を足で稼がなくてはなりません。そして、多くの材料から仮説を立てると、今度は辻褄のあわない仮説をどんどん捨てていくのです。

しかし、実は何万年も昔に起こった事柄に対してただ一つの解答を求めること自体が無理なことで、三つくらいの可能性に絞ることができれば、上出来であろうと思われます。

肝要なのは、「誤差」について知っておくことです。近年では放射性元素を使って地球科学現象の時間をかなり正確に決めることができるようになってきました。しかし、そこには必ず誤差がつきまといます。誤差には実験誤差や機械による誤差など複数が考えられ、積み重なると累積赤字のようになってしまうのです。

たとえば、かなり測定機器が改良されて誤差が1％に抑えられたとしても、100万年のオーダーでは±1万年の誤差になります。火山活動や地震活動が100年に1回起こるとしても、100回分にもなります。まして、地球の歴史46億年のオーダーでは、1％の誤差でも4600万年もの誤差になり、フォッサマグナの議論をする本書で扱う年代がすべて含まれてしまいます。年代の数値については、そうしたことも頭に入れて考えていただけるとありがたいです。

Column

フォッサマグナに会える場所
② 糸魚川ジオパーク

糸魚川ジオパークは2009年に日本で最初にジオパークになった五つのうちの一つで、新潟県の西端の糸魚川にあります。なんといっても、フォッサマグナの西の境界である糸静線の、一方の端であることから、フォッサマグナに出会うなら最初に訪れたいジオパークです。

その「売り」は、提唱者ナウマンの資料が充実しているフォッサマグナミュージアムもさることながら、やはり、野外で糸静線を実際に見られることでしょう。礫でつくった石垣からのぞく糸静線の両側には、「東」「西」と大きく書かれたパネルが掛かっていて、東西日本の境目であることが強調されています。

また、フォッサマグナの「端」だけに、西端からフォッサマグナ内部に入り、東に出るという「フォッサマグナ横断」が簡単にできるのも魅力です。

そのほか、野外では糸静線の断層の露頭や、海底火山活動の産物である枕状溶岩などが観察でき、フォッサマグナの地層や古い基盤なども巡ることができます。

そして、糸静線の西側では古生代の青海の変成岩、明星山の大岸壁ではサンゴ礁やウミユリの化石が見られ、この地域の発達史を知ることができます。

親不知という名がある海岸では、宝石の翡翠の礫が採集できます。もともと糸魚川は日本最初の翡翠の産地として知られていて、小滝川に沿ったところには翡翠峡ともいわれる翡翠の露頭があります。

糸静線はまた、「塩の道」とも呼ばれていました。海で採れた塩や海産物を内陸部に運ぶための重要な運搬路にもなっていたからです。ほかにも、穀類やたばこなども、ここを通って東西を行き来していました。

「東」と「西」のパネルの間に糸静線が見える露頭。崩壊が進んでいるため礫の石垣が組まれている

地質だけでなく、言語から食べものの味まで、さまざまな意味で東西日本を分けているフォッサマグナで、この構造線は東西双方をつなぐ役割もはたしていたのです。

第2章

地層から見たフォッサマグナ

フォッサマグナはどうしてできたのか？

ここまで、フォッサマグナという怪物の顔や手足、胴体や尻尾が、現在ではどのように見えているかを大まかにお伝えしました。いま、あらためて眺めてみると、その姿には不可解なことがいくつもあります。たとえば、こんなことです。

フォッサマグナはなぜこんなに深い（少なくとも６０００ｍ）のか？

なぜ日本列島を縦断するように走っているのか。

西の境界は明確（糸静線）なのに、東の境界が決められないのはなぜか？

南部と北部では地形や地質がまったく違うのはなぜか？

フォッサマグナのところで日本列島が「逆く」の字に曲がっていたり、中央構造線が「八」の字になったりしているのはなぜか？

これらの謎は、つまるところ、たった一つの謎に集約されていくと思われます。それは、

――フォッサマグナはどのようにしてできたのか？

という謎です。この大きな謎が解ければ、そのほかの謎にも自然と答えが与えられると考えられるのです。

しかし、この謎はとてつもなく巨大で、難解です。これまで多くの研究者が挑んでは果たせず、あるいは最初から避けて通ってきました。それほどフォッサマグナとは「鵺」のように、つかみどころがないのです。

これから私は、源頼政よろしくフォッサマグナと一戦まじえ、その成因に迫ろうとしています。専門家から見れば、なんと無謀な、と笑われるだけかもしれません。しかし、なんとか本書の最後には私なりの試論を展開してみたいと思っていますので、どうかみなさんもおつきあいいただければ幸いです。

ナウマンと原田豊吉の論争

いくら蛮勇を奮うつもりでいても、最初から自己流を振り回すわけにはいきません。まずは、よく敵を知るために、これからしばらくは先人たちの貴重な研究成果をもとに、フォッサマグナをさまざまなアングルから分析していくことにします。

フォッサマグナの成因については、発見者のナウマン自身が、日本の地質学者を相手に激しい論争を展開しています。その相手とは、日本人で初めて東京帝国大学で地質学科の教授となった原田豊吉（1860〜1894）です。

原田は父に連れられて14歳でドイツに留学し、フライベルク鉱山学校を卒業すると、その後、ミュンヘン大学で古生物学を修得してオーストリアの地質調査所に勤めました。1883（明治16）年に帰国すると地質調査所に勤務する一方、1884年に23歳で東京帝国大学地質学科の教授になりました。その翌年、ドイツに帰ったナウマンが日本の地質、とくにフォッサマグナの成因について発表すると、原田はこれに反論し、ほかの地質学者をも巻き込んで大きな論争となったのです。では、それはどのような争いだったのかを見ていきましょう。

ナウマンが考えたフォッサマグナの成因は、日本列島の形成時に本州が海を移動して南下しているときに、島弧（のちの伊豆・小笠原弧）と出会い、行く手を阻まれて衝突したために、本州中部に断裂ができたというものでした。この考えは京都帝国大学で初の地理学教授となった小川琢治や、東大の構造地質学の教授・小林貞一《ていいち》らに引き継がれました。

これに対して原田は、本州はもともと二つの島弧であったものが接合したのであると考えていました。そして、このときにできた「対曲」という構造がフォッサマグナであると考えました。対曲（syntaxis＝シンタクシス）とは、二つの島弧が接してできた構造のことで、『地学辞典』（古今書院）によれば「異なる2つの方向に延び、しかも同時に形成された山脈や弧状列島が1つの地域で合するとき、これを対曲とする」とあります。原田の考えには、当時の世界の地質学の第一人者であったオーストリアのエドアルト・ジュースも賛同しました。

このようにフォッサマグナの成因をめぐる論争は、そもそも日本の本州とは、最初から一つの島弧だったのか、それとも二つの島弧が合体したものなのか、という根本的な議論にまで発展していきました。

なお、どちらの説でも、本州や伊豆・小笠原弧などの島弧が移動すると考えていますが、アルフレート・ウェゲナー（１８８０〜１９３０）が大陸移動説を提唱したのは１９１２年のことで、この時期にはまだ大陸が移動するという考えはありませんでした。ナウマンや原田らが考えたのは、もっと局所的な島弧の移動であり、地球が冷却することで収縮しているという、ジュースが当時、提唱していた考え方にもとづくものでした。

両者の論争は、現在の目で見れば、あとでくわしく述べますがナウマンは南部フォッサマグナの、原田は北部フォッサマグナの成因にある程度まで迫っていたと言えるものでした。しかし、それでも「正解」（いまだにそのようなものはありませんが）にはほど遠いものと思われます。プレートテクトニクスがまだ提唱もされていなかったときですから、それはいたしかたありません。

北部フォッサマグナの地層

フォッサマグナの成因を知るために、「地質探偵」になったつもりでさまざまな材料を集めて考えようと思います。まずは、この怪物に思いきり近づいて、〝骨〟や〝肉〟のつくりを調べてみます。すなわち、岩石と地層の観察です。

そのためには、南北のフォッサマグナを比べるのが有効な方法と思われます。第1章で見たように、フォッサマグナの北部と南部は地質的にまったく異なっていて、そこから手がかりを得ることができそうだからです。先行する研究として、有馬眞、小川勇二郎、高橋雅紀、松田時彦らの文献を参考にしながら見ていきます。

なお、これからは煩雑を避けるため、地質年代の表記には「Ma」という単位を使います。Maは「Mega annum」の頭文字で、「100万年前」という意味です。1Maは100万年前、10Maは1000万年前、100Maなら1億年前です。新生代の第四紀（258万年前〜現在）は、「2・58Ma〜現在」となります。どうぞご承知おきください。

あらためて言いますと北部フォッサマグナとは八ヶ岳あたりより北の、妙高山や霧ヶ峰などの火山が並んでいる地域を指します。北部フォッサマグナの地層は比較的よく研究されていて、その重なりの順序が、ある程度までは確立されています。これを「層序《そうじょ》」といいます。基本的には、新生代の新第三紀の地層を、それよりあとの第四紀の八ヶ岳などからの火山噴出物が覆うという層序になっています。

北部フォッサマグナの一般的な地層は、古いほうから順番に、守屋層、内村層、別所層、青木層、小川層、柵《しがらみ》層、猿丸層、および豊野層というものです（図２‐１）。地層の名前は地質屋でもややこしいものですが、その露頭（地層が露出しているところ）が最もよく見られる場所の地名をあてることがほとんどです。その場所のことをタイプロカリティ（type locality＝模式地）といいます。

これらの地層の年代は、およそ23～２・５８Ma（２３００万年前～２５８万年前ですね）、すなわち新第三紀から第四紀にわたっています（年代表記は『日本地方地質誌』〔朝倉書店〕によりました）。では、これらの地層がどんな岩石からなっているかを見ていきましょう。

守屋層（16～15Ma）は糸静線より西側、諏訪湖の南の守屋山の周辺に出てきます。砂岩や礫岩などからできていて、浅い海にできた地層です。砂岩や礫岩、そして泥岩とはいずれも陸から削られた砂や泥が水に流されて堆積した堆積岩です。粒の大きい順に並べると礫岩→砂岩→泥岩となります。

（数字は Ma）

紀	世	期	地層	環境
第四紀	更新世		豊野層（1.5〜0.7）	陸
			猿丸層（3〜1.5）	淡水
新第三紀	鮮新世		柵層（5〜3）	浅海
	中新世	後期	小川層（6）	半深海
			青木層（8〜6）	
			別所層（13）	深海
		中期	内村層（15〜14）	
			守屋層（16〜15）	浅海

図2－1　北部フォッサマグナの地層
（層序は竹之内耕による）

内村層（15〜14Ma）はグリーンタフ、礫岩、砂岩、泥岩などからなります（図2－2）。グリーンタフとは海底火山からの火山岩が熱水などの作用で変質して緑色になった岩で、内村層が海底にあったことを物語っています。

別所層（13Ma）はおもに黒色の泥岩からなります。なかには、石灰質の団塊（ノジュール）を含み、貝類などの化石がたくさん含まれているものもあります。

青木層（8〜6Ma）は砂岩と泥岩、そしてこれらが交互に並んだ互層からなり、砂岩には流れの跡（漣痕《れんこん》＝リップルマーク）が見られます。また、陸上からの土砂の流れが海に入り込み、海底に堆積してできたタービダイトの層もあります（図２‐３）。そして、やはりたくさんの化石が含まれています。

小川層（６Ma）は砂岩・泥岩の互層や礫岩、泥岩でできています。また火山性物質（流紋岩質）も含んでいて、海底火山活動があったことを示しています。

柵層（５〜３Ma）は礫岩、砂岩、泥岩からなります。その後期からは激しい火山活動を示す火山砕屑岩《さいせつがん》がたくさん出てきます。また、貝の化石やノジュールも含んでいます。

猿丸層（３〜１・５Ma）は浅海から汽水、さらに淡水に至る環境で堆積した地層です。礫岩を主体として、火山灰が堆積してできた凝灰岩や貝の化石を挟んでいます。

豊野層（１・５〜０・７Ma）は北部フォッサマグナの最上位にある地層で、湖沼性の堆積物からなります。つまり、陸上に堆積した地層です。

長々と紹介しましたが、これらの地層から、北部フォッサマグナの環境の変遷が以下のように読みとれます。

まず、この地域には、徐々に海ができていったことがわかります。そのため、基盤岩となる古い岩を海水に運ばれてきた砂や礫（小石）が覆って、守屋層ができました。次の内村層の時代に、海はしだいに深くなって、細かい泥岩などが堆積しました。別所層の時代、海は最も深くなり、深海生物も棲息していました。しかし、青木層や小川層では、陸から運ばれた堆積物

図2-2　内村層の枕状溶岩
虚空蔵山（長野県）に見られる内村層。枕状溶岩とは、火山から出た溶岩流が水中で固まって枕状になったもの

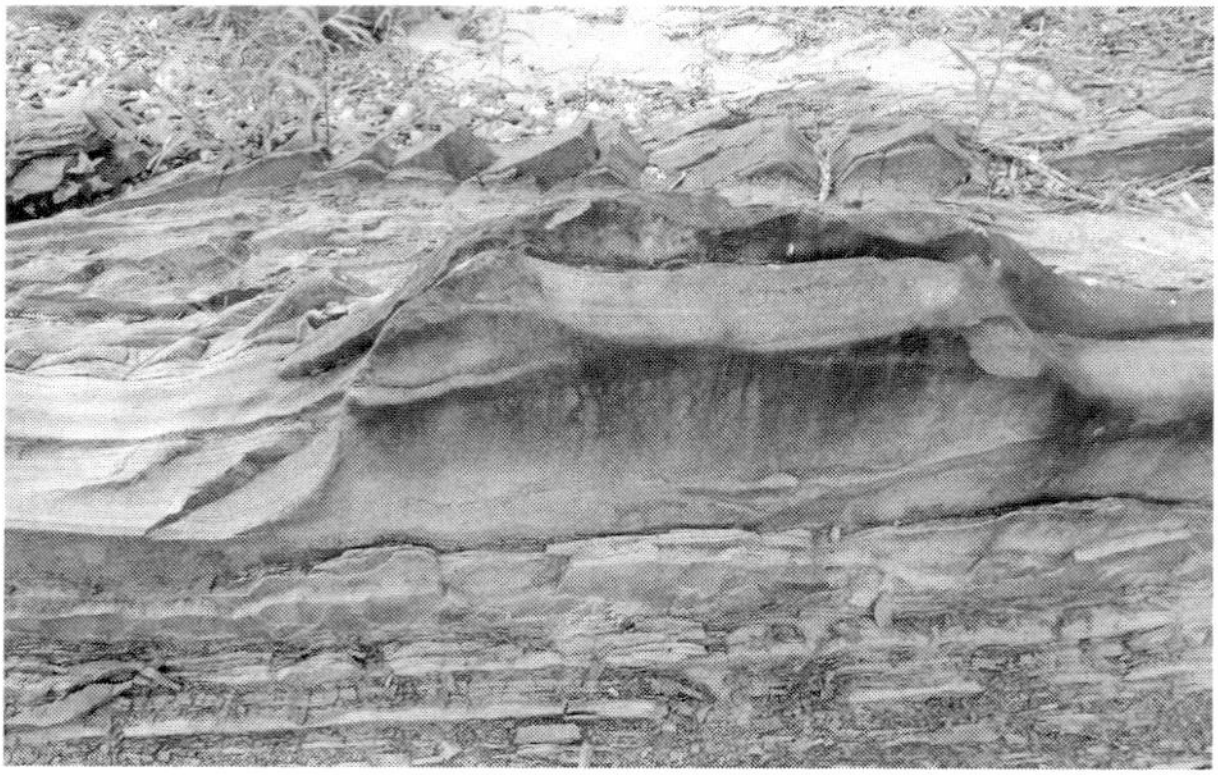

図2-3　青木層のタービダイト
生坂ダム湖（長野県）に見られる青木層のタービダイト。ここがかつて深海であったことを示している

が海にたまり始め、砂が見られるようになります。柵層の頃から海は徐々に浅くなり、やがて猿丸層で河川の水が入るようになって、汽水そして淡水になりました。海が湖になったことがわかります。そして湖はついに陸化し、陸上に豊野層が堆積しました。

つまり、陸が徐々に海になり、さらに深海になったあと、今度は少しずつ浅くなって湖になり、陸になっていったという変遷があったことがわかるのです。すなわち北部フォッサマグナ地域は深海だった時期があったということです。

このように層序が比較的はっきりしている地層は、化石や年代測定などによってほかの地域の地層と対比することが可能です。この対比のことを英語ではcorrelationといいます。そして、対比によって北部フォッサマグナの層序と非常によく似た地層があることがわかりました。それは男鹿《おが》半島（秋田県）です。

男鹿半島では過去７０００万年の環境の変遷を刻む地層が観察できることから、東北日本の日本海側の地層の標準層序にされてきました。そこには日本列島が大陸から分かれ、日本海を形成していくまでの地質の変遷が記録されているのです。男鹿半島・大潟ジオパークは「日本列島のでき方がわかる」ことを売りにしています。

そして、北部フォッサマグナの層序とそれが示す環境は、男鹿半島のそれとほとんど同じなのです。このことから、北部フォッサマグナの形成史も、日本列島や日本海の形成史を映し出しているると考えられるのです。

南部フォッサマグナの地層

次に、南部フォッサマグナの地層を見ていきましょう。ここは松田時彦が卒業論文以来、長きにわたって研究してきた場所で、私も巡検で何度も案内してもらいました。ここでは松田に従っていきます。

南部フォッサマグナのほぼ中央には、富士山があります。その西側には天守山地、赤石山脈、巨摩山地があり、北側には御坂山地が関東山地へと続いています。東側には丹沢山地が東西に延びています。南東には箱根火山、その南には天城山などの火山を有する伊豆半島があって、伊豆・小笠原弧の火山の列が南へと続いています。このように南部フォッサマグナは伊豆・小笠原弧の火山列が本州に接している地帯です。

南部フォッサマグナの地層はおもに、海底に堆積した新生代の新第三紀の層で、ほとんどは海底火山活動の産物です。それらは上下二つの地層群からなっています（図2－4）。

上位にあるのが中新世中期の丹沢山地の丹沢層群（17～5Ma）、御坂山地の西八代層群（16

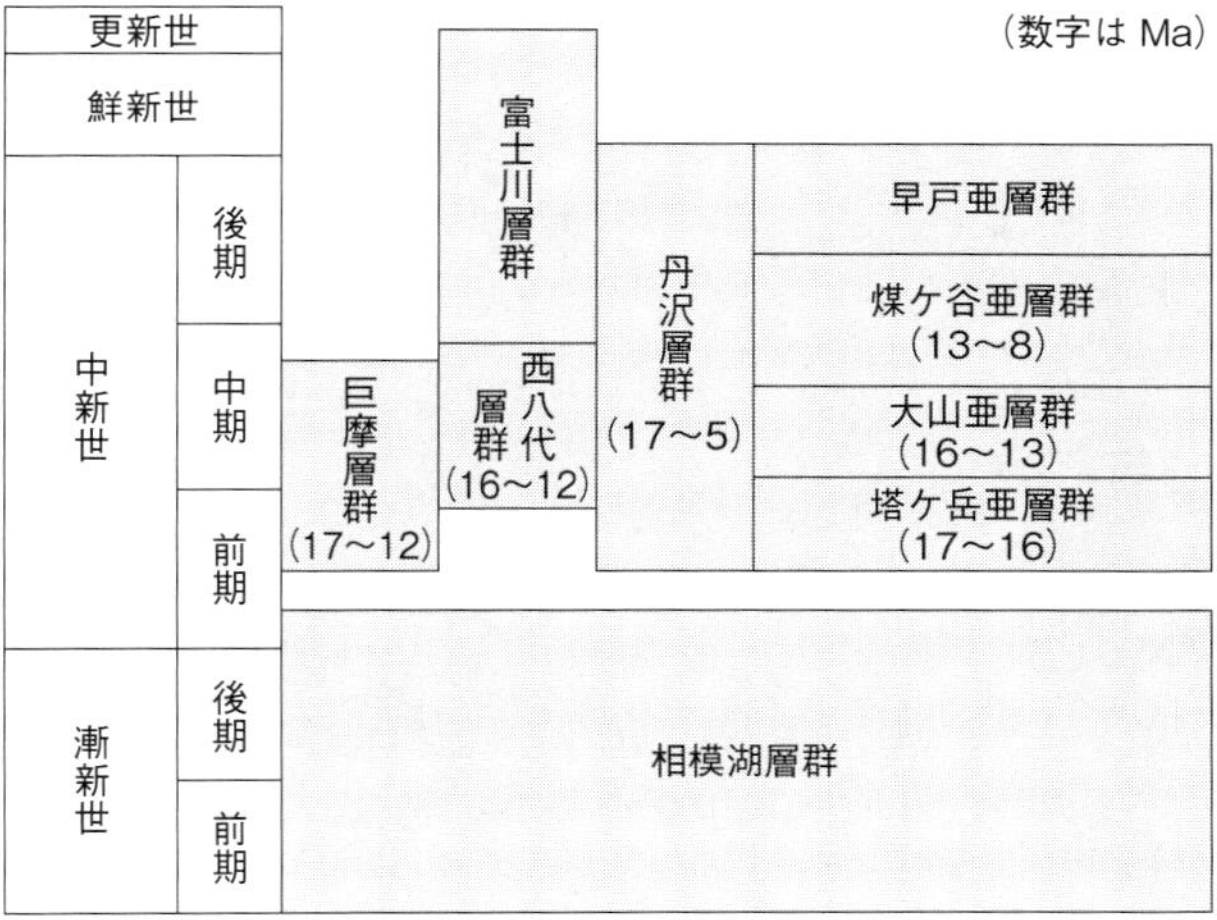

図２－４　南部フォッサマグナの地層
層序は松田時彦による

〜12 Ma）、巨摩山地の巨摩層群（17〜12 Ma）で、あわせた厚さは数千mに達します。そして、これらの地層群はほとんどが海底噴出の火山岩類（図２－５）と、遠洋性の泥岩からなっています。このことから、これらが堆積した当時の南部フォッサマグナは、陸からの土砂がほとんど届かないほど本州から遠く離れた海底であったと考えられます。

地層中には温暖な浅い海に棲んでいた大型の有孔虫やサンゴの化石を含む石灰岩があり、当時の海は現在よりも暖かだったと思われます。しかし、地層の上部には東北日本や北部フォッサマグナにも分布する寒水性の二枚貝や有孔虫の化石もあることか

図2－5　海底で噴火した火山からのマグマが水で急冷されて破砕した、ハイアロクラスタイトと呼ばれる火山岩（提供／生命の星・地球博物館）

ら、寒流の影響を受けていた時期もあったと考えられます。

南部フォッサマグナでは、丹沢山地に分布する丹沢層群がとくに重要ですので、少しくわしく見ていきます。丹沢を長く研究してきた有馬眞に従っていきます。

丹沢層群には、伊豆・小笠原弧の北端部にあった火山から供給された火山岩や火砕岩類からなる主部と、砂岩や礫岩などの非火山性堆積岩からなる最上部があります。さらにその中心部には、伊豆・小笠原弧の中部地殻に相当すると考えられる丹沢深成岩体が広く分布しています。深成岩とはマグマがゆっくり冷えて固まった岩です。

丹沢層群の主部を構成する地層は、下から塔ケ《とうが》岳《たけ》亜層群（17～16Ma）、大山亜層群（16～13Ma）、

図2－6　丹沢層群の変成岩（提供／生命の星・地球博物館）

煤ヶ谷《すすがや》亜層群（13～8Ma）で、おもに海洋性島弧の海底火山の近くで堆積したと考えられています。このうち約15Maに堆積した地層には、熱帯性のサンゴ礁石灰岩が産出します。また、海岸や河川で形成された円礫（丸い小石）がサンゴ礁石灰岩にともなっています。そしてこの時期の火砕岩には、陸上に噴火・堆積したことで酸化した、赤色火山岩片が多量に含まれています。このことから、約15Maにはサンゴ礁をともなった大きな火山島が形成されていたことが推測されます。

また、丹沢層群は熱や圧力によって低～中程度の変成作用を受けています（図2－6）。深成岩のマグマが貫入したときの接触変成作用と、埋没による広域変成作用によるものと考えられます。

丹沢層群に貫入した前述の丹沢深成岩体は、丹沢

図2－7　丹沢層群のトーナル岩
伊豆・小笠原弧の内部の地殻が露出したと考えられる
(提供／生命の星・地球博物館)

山地の中央部に東西約25km、南北約7kmという広い範囲で分布しています。それらは火成岩である斑糲岩《はんれいがん》とトーナル岩といわれる花崗岩の一種で構成されていて、トーナル岩の化学的特徴から、元のマグマが島弧の下部で形成されたことがわかります。つまり、伊豆・小笠原弧の中部にある地殻が地表に露出したものと考えられるのです（図2－7）。

これらのことから、次のような推測が可能となります。伊豆・小笠原弧はかつて、本州より遠く離れた海底にあり、トーナル岩などのマグマが貫入・冷却したのち、本州に移動して衝突したことにより、隆起して丹沢山地となったというものです。そして、この丹沢山地が南部フォッサマグナの一部をなしていると考えられるのです。

一方、丹沢山地の上位には、中新世から鮮新世の地層群（早戸亜層群など）があり、概して山地周縁の低地だけに分布しています。岩相（岩石の顔つき）も、下位の地層とは大きく異なっていて、急に本州などの陸地からの砂や礫が大量に現れるので、中新世の後期には堆積場所がにわかに本州に近くなったものと思われます。海は鮮新世の末までに退いて、南部フォッサマグナのほぼ全域が陸地となったことがわかります。その陸地の水を集めて、富士川や桂川が誕生しました。

このように、北部フォッサマグナが「その場で」形成されたもの（第1章で述べたin situ）であるのに対して、南部フォッサマグナは「ほかの場所から」移動してきたものであることが、地層を見ることでわかりました。この地域の火山性堆積物は、現在の伊豆・小笠原の火山島周辺に見られる堆積物とほぼ同じです。これがはるか南から海を北上して、南部フォッサマグナの位置まで運ばれてきたのです。

南部フォッサマグナの形成シナリオは見えてきた

原田との論争を繰り広げたナウマンが考えたフォッサマグナの成因は、伊豆・小笠原弧が衝突したことによって本州が折れ曲がったとするものでした。南部フォッサマグナについて言えば、論争はナウマンに軍配が上げられるようにも思えますが、彼が考えた伊豆・小笠原弧の移動の理由は、先に述べたように「正解」ではありませんでした。

ナウマンの時代から100年近くが経った1970年代になって、ウェゲナーの大陸移動説を証明するかたちで、地球上のプレートはたえず移動しているとするプレートテクトニクスという考えが確立されました。これによって、南部フォッサマグナの生い立ちもプレートテクトニクスによってかなりの部分まで説明できるようになったのです。

西南日本の沖合にあるフィリピン海プレートの海底岩盤は、伊豆・小笠原弧を載せたまま北上して、南海トラフや相模トラフ、駿河トラフで本州の下に沈み込んでいます。1年間におよそ4㎝の速度で北上し、ついに本州に衝突しました。伊豆・小笠原弧の「北上」は、その後も続きます。プレートに押され、本州の下に沈み込んでいったのです。しかし、伊豆・小笠原弧の地殻は20㎞以上の厚みがあったので、上層部は沈み込めずにはぎ取られて、本州に押しつけられるように付け加わります。これを「付加体《ふかたい》」といいます。こうして伊豆半島ができました。そしてなお、伊豆・小笠原弧は本州に食い込んでいったために、赤石山脈などの急激な隆起を起こしたと理解することができるのです。これが南部フォッサマグナ形成のシナリオと考えられます。

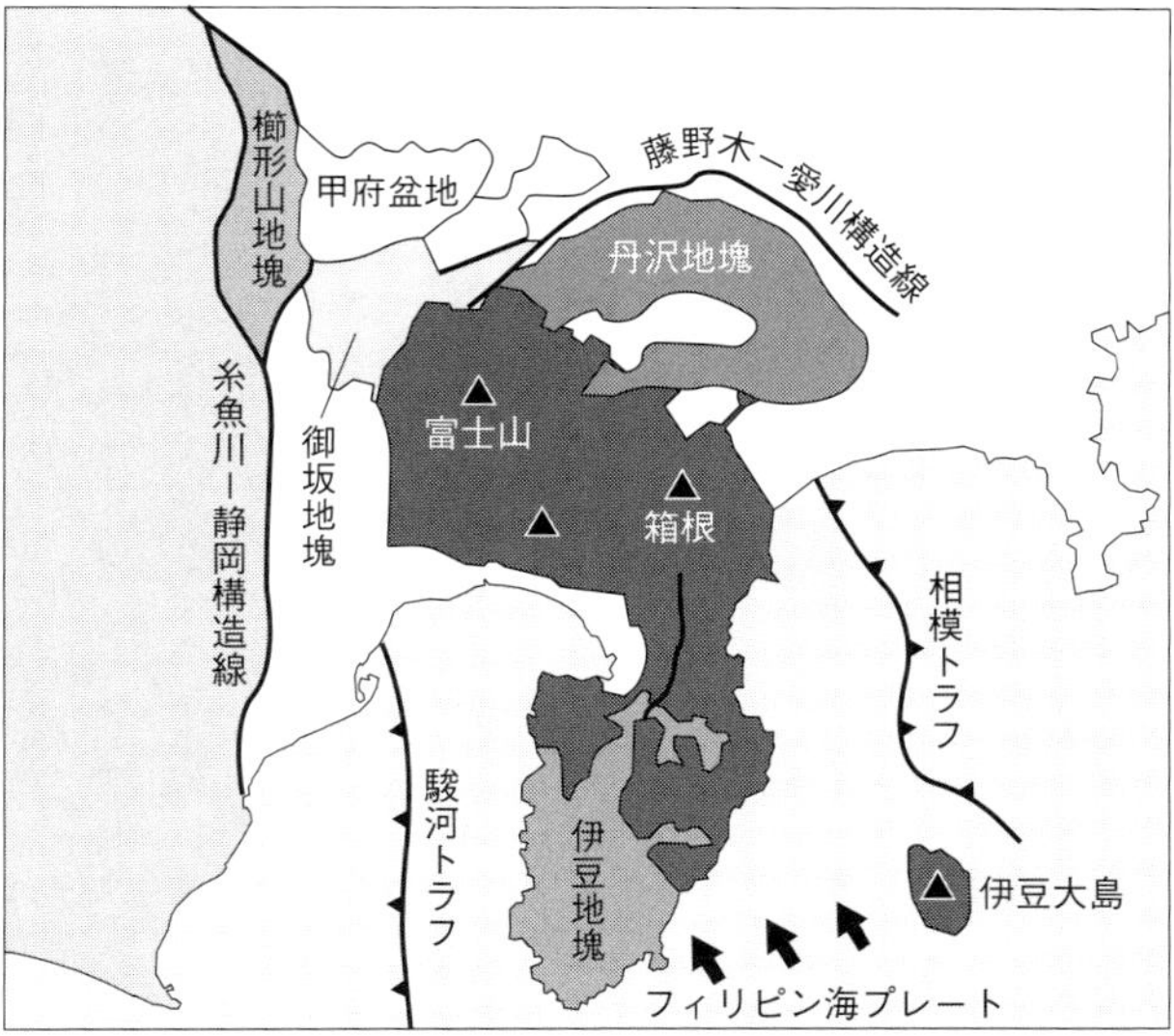

図2－8　伊豆－小笠原弧の衝突
伊豆、丹沢、御坂、櫛形山の地塊が次々に衝突したと考えられている

伊豆・小笠原弧の沈み込み帯は、いまの地名でいえば静岡—小淵沢—藤野木《とうのき》—愛川付近にあって（藤野木—愛川構造線）、南部フォッサマグナの海底を本州沿岸まで引き寄せたと考えられます。この結果、中新世後期の初めに、南部フォッサマグナに本州からの砕屑物が上位の地層群に堆積するようになり、それが鮮新世まで続いたのでしょう。

丹沢山地をつくったのは、伊豆・小笠原弧の島の一つであった丹沢地塊の衝突でした。関東山地との間の海が10Ma以後まで存在していたことから考えて、その衝突の時期は中新世後期以後の6Ma頃と推定されます。

1980年代の後半になると、丹沢地塊だけでなく御坂山地をつくった御坂地塊も、巨摩山地をつくった櫛形山地塊も次々に本州に衝突してきた「多重衝突」という考え方が発表されました（図2－8）。ただし、これについては消極的な考えの人もいます。このように、南部フォッサマグナの成因は、かなり見えてきています。しかし、これはまだ序の口なのです。

消えた中央構造線

ところで、北部フォッサマグナと南部フォッサマグナの境界はどこなのかについても、いろいろと議論されてきています。

中央構造線より北を北部、南を南部とすることができれば簡単です。糸静線より西側では、九州～四国～紀伊半島～静岡県と、中央構造線を地形でも地質でも追うことができます。フォッサマグナの東側でも、関東山地では群馬県の下仁田などで中央構造線は認められています。ところが、その方法はいまのところ、採用することができません。フォッサマグナの中には、中央構造線が見当たらないからです。

ここであらためて、中央構造線について見ておきます。日本列島を知るうえで、フォッサマグナと双璧をなす重要な構造であり、これを発見したのもやはりナウマンでした。日本の地質図をおおまかに見れば、東北日本には新生代以降の地層が広く分布していることがわかります。一方、西南日本では古生代から中生代の地層や花崗岩・変成岩が分布しています。これら古い地層や岩石は日本列島の土台を構成していて、一括して「基盤岩」とみなすことができます。一方、新しい地層は基盤岩を覆っているので、「被覆層」ということになります。つまり西南日本には基盤岩が広く露出し、東北日本には被覆層が分布しているという大きな違いがあるのです。東北日本では基盤岩は、北上山地や阿武隈山地などにしか露出していません。

さて、日本の土台すなわち基盤岩が広く露出している西南日本では、これを横（東西）に分断する大きな断層、つまり構造線が九州東部から赤石山脈を経て、関東山地北縁まで走っていることがわかります。ナウマンはこれを発見して、「中央構造線」と命名しました。そして中央構造線によって、西南日本の基盤岩は日本海側の「内帯」と太平洋側の「外帯」に二分されることも提案しています（図２－９）。

西南日本の外帯を構成する基盤岩は、中生代のジュラ紀（２０１～１４５Ma）から白亜紀（１４５～66Ma）、さらに新生代の前半にプレートの沈み込みで運ばれた付加体の地層や、地下

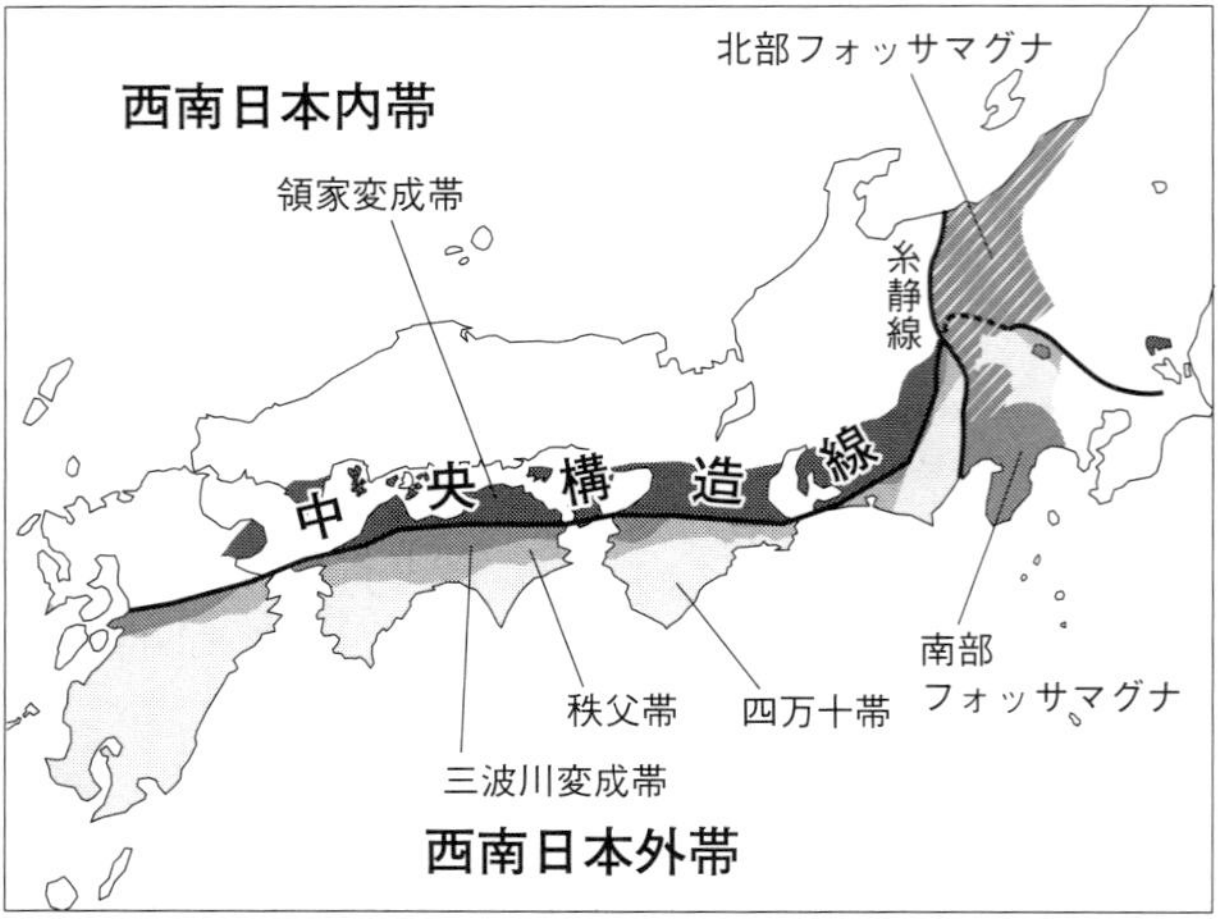

図2－9　中央構造線と西南日本の地質帯
中央構造線によって内帯と外帯に二分されているが、フォッサマグナでは中央構造線は消えてしまう

深部でできた変成岩で構成されています。とくに中央構造線から南に向かって、三波川《さんばがわ》変成帯、秩父帯、四万十帯が中央構造線と平行に続いています。一方の西南日本内帯では、外帯の三波川変成帯と同じ年代の領家変成帯が、中央構造線をはさんで東西に走っています。この帯状配列が、西南日本の基盤構造の大きな特徴です。

さて、中央構造線は西南日本を東へ進むと、中部地方で大きく北へ湾曲します。これを関東対曲構造（関東シンタクシス）といいます。第1章で述べた中央構造線が描く「八」の字の、左側の字画にあたる部分です。ところが、そのあとフォッサマグナ地域に入ると、中央構造線はぷっつりと消息を絶ってしまうのです。西南日本外帯の帯状配列もまた同様に、姿を消してしまいます。

しかし、さらに東の、関東山地のあたりまで来ると、中央構造線はまた復活して、右肩下がりに「八」の字の右側の字画をつくるのです。つまり、本州を東西に走る「横」の最重要地形である中央構造線は、本州を南北に分かつ「縦」の最重要地形フォッサマグナによって、その部分だけはかき消されてしまっているわけです。

フォッサマグナが形成されたのは15Maくらいといわれていますが、中央構造線の歴史はそれよりずっと古く、その原形ができたのは１４５～１４０Ma、中生代のジュラ紀末から白亜紀初頭にかけてと考えられています。まだ日本列島が、ユーラシア大陸の一部として東の縁にくっついていたときのことです。

そのとき、大陸ではイザナギプレートという古いプレートが、ユーラシアプレートに対してほぼ平行に北上したために、横ずれ断層が起こりました。これによって、現在の北海道西部から東北日本、そして西南日本外帯にあたる側も北上したことで、それまでは離れていた領家変成帯と三波川変成帯が近づき、ついに接するようになりました。このときにできた両者の継ぎ目が、中央構造線の原形となったのです。

このようにきわめて古い歴史をもつ中央構造線は、しかし26ページの図0－4に見られるように、上空から見てもそれとわかります。おそろしいものです。にもかかわらず、フォッサマグナには、いわば〝負けて〟しまっているわけです。中央構造線はいったいどうなっているのでしょうか。

前述のように、フォッサマグナは現在まで6000m掘られているのですが、それでも基盤岩にはたどりつけていません。中央構造線はこの領域では消滅してしまっているのか、それともより深いところに存在しているのかは、わからないというのが現状です。いつかより深いボーリングが可能になったとき、まだ見ぬ地質帯の中に中央構造線が見つかる日が来るのかもしれません。

この章では、フォッサマグナという怪物にうんと近づいてみて、知りうるかぎりの内部構造もつぶさに見てきました。東側の境界はどこか、中央構造線はなぜ消えたのか、といった謎は残ったものの、南北のフォッサマグナは成り立ちがまったく異なることが見えてきましたし、南部フォッサマグナでは形成のシナリオもかなりわかってきました。次の章からは、まったく違う角度からフォッサマグナに迫ってみます。

Column

フォッサマグナに会える場所

③ 南アルプスジオパーク

南アルプスとは、長野、山梨、静岡の3県にまたがる赤石山脈の通称です。赤石山脈は伊豆・小笠原弧の本州衝突によって急激に隆起した、南部フォッサマグナの代表のような山脈で、最高峰の北岳（3193m）をはじめ、間の岳（3189m）、荒川岳（3141m）、赤石岳（3120m）など3000m超の峰を13も抱え、壁のように聳え立っています。フォッサマグナを初めて見たナウマンを感動させたのも、甲斐駒ケ岳や鳳凰など、この山脈の北部がつくりだした景観でした。

南アルプスジオパークは長野県飯田市にあって、その事務所は中央構造線の真上に建っています。中央構造線が描く「八の字」の左側の字画が、ぐーっと北に上がっていくあたりです。南アルプスジオパークの大きな「売り」のひとつも中央構造線で、その周辺の岩石がたくさん展示されているほか、中央構造線が見られる露頭も、板山、溝口、北川（写真）、安康、程野など5カ所あります。露頭にはバイクのツアーの若者がよく訪れています。

なお、赤石山脈という名前のもとになったのは、赤い「チャート」です。チャートとは、遠洋の深海底に棲む放散虫（プランクトンの一種）の死骸が堆積して岩石になったもので、現在、赤いチャートの露頭は塩見岳で見ることができます。そのほか、小黒川に沿ってアンモナイトの化石も産出します。海のない場所でこうした海洋生物の化石が出てくることは、それらが伊豆・小笠原弧の衝突によって深海から陸に乗り上げ、付加したことを物語っています。

中央構造線をはさんで南側のジオサイトでは、秩父帯や三波川変成帯の岩石類などが見られます。北側には領家変成帯が出ています。これらは第2章で述べた、西南日本に特徴的な、中央構造線と並行に走る古い地質帯です。ところが第2章で述べたように、糸静線を越えてフォッサマグナに入ると、ぷっつりと見えなくなってしまうわけです。

しかし、関東の下仁田ジオパーク（群馬県）に出かけていってそのジオサイトと比べると、それらの地質帯は消えたわけではなく、フォッサマグナをはさんで連続していると実感することができます。

国の天然記念物に指定されている北川露頭で見られる中央構造線。手前の黒っぽい部分が三波岩変成帯、向こう側が領家変成帯、それらに挟まれた明るい色の部分が中央構造線

第3章

海から見たフォッサマグナ
——日本海の拡大

フォッサマグナと二つの縁辺海

前章では、フォッサマグナの北部と南部では形成過程に決定的な違いがあるらしいことがわかりました。すると、フォッサマグナがどうしてできたのかを考えるためには、いったん、南北を切り離してそれぞれについて考えていく必要がありそうです。しかし南北いずれにしても、次に目を向けるのは海です。フォッサマグナのおもな領域は海岸線が少ない中部地方ですから一見するとあまり関係なさそうですが、その正体を知るためには、海に漕ぎ出していかなくてはならないのです。

まずは、北部フォッサマグナから見ていきましょう。

日本列島の周辺には、「縁辺海」と呼ばれる海がいくつもあります。縁辺海とは大陸の縁にある小さな海洋という意味で、日本の場合は基本的に、ユーラシア大陸の縁辺海ということになります。北からベーリング海、オホーツク海、日本海、東シナ海、南シナ海などです。これに加えて、ユーラシア大陸沿いではありませんが、西南日本に接している太平洋の付属海であるフィリピン海も、縁辺海に含まれます。

このうちフォッサマグナには、二つの縁辺海が接しています。日本海とフィリピン海です。

そして北部フォッサマグナの成立と非常に重要な関係にあるのが、日本海です。

日本海の地形を俯瞰する

世界地図で日本列島を見るときに、さかさまにすると、日本列島はまるで太平洋へ張り出した防波堤のように見えるという話を第1章でしました（39ページ図1－3参照）。その防波堤に囲まれて存在するのが日本海です。

日本海は、アジア大陸とサハリンの間の間宮海峡、サハリンと北海道の間の宗谷海峡、本州と北海道の間の津軽海峡によって北や東を画しています。西は対馬海峡の2ヵ所（西水道と東水道）によって区切られています。いまからおよそ2万年前の氷河期（最終氷期）の頃には、海面が低下してこれらの海峡が閉じてしまい、日本海が巨大な湖になってしまったことがありました。このときは対馬海峡の西水道の、現在では水深約200m（当時は水深約70m）のところに対馬海流が少し流れ込んでいただけでした。

現在では、日本海の最深部は3796mで、地球の全海洋の平均水深（3800m）くらいです。富士山を沈めたらすっぽりと入り込んで、まだ20mの余裕がある深さです。

日本海の海底の地形には、おもに二つの構造があります。水深2000mより浅い海底の、

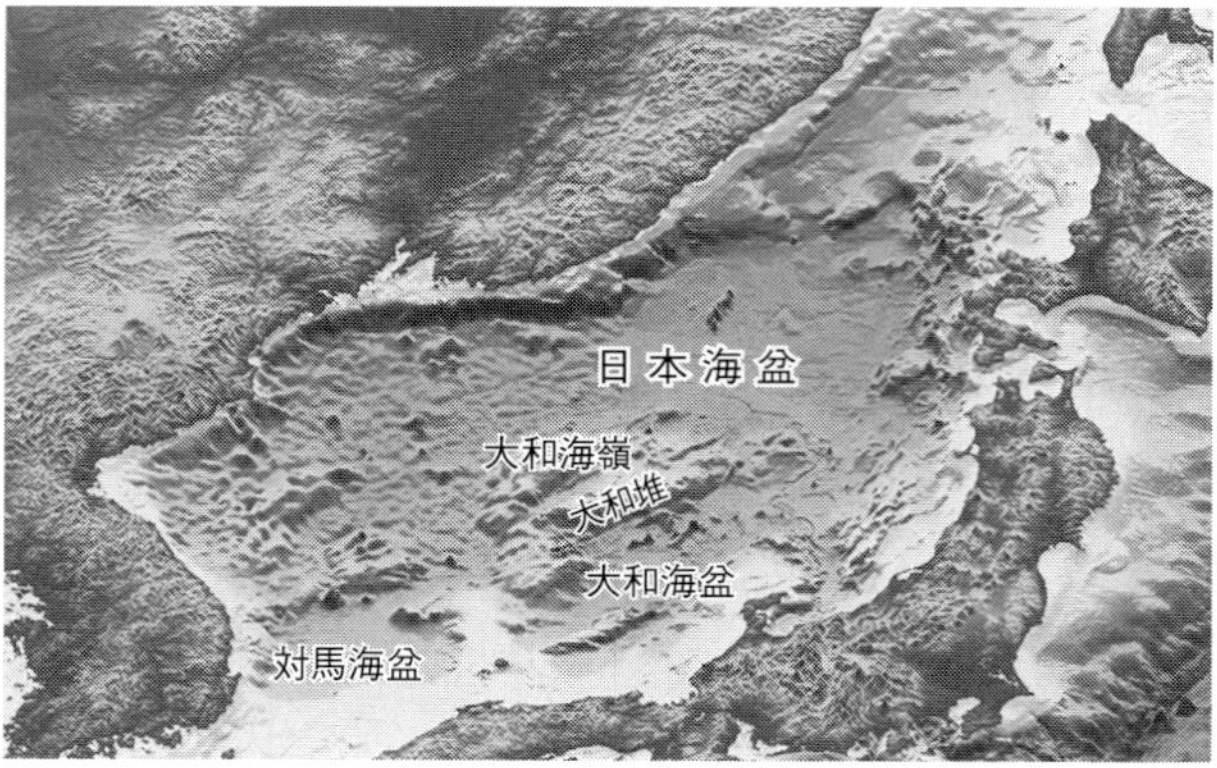

図3－1　日本海の海底地形
日本海盆、大和海盆、対馬海盆などの低い平原と、大和堆などの高まりがある

陸と同じような起伏に富んだ複雑な地形と、水深2000mより深い海底の、海盆（海底の盆地）を主体とする平坦な地形です（図3－1）。

おもな海盆は日本海盆、大和海盆、対馬海盆です。日本海盆は深さ3000mの海底に広がる大平原で、その面積は約30万平方㎞。日本の国土面積のおよそ8割に相当するという途方もない広さです。日本海の北半分のほとんどの海底は、日本海盆で占められています。大和海盆は山陰地方沖の、対馬海盆は朝鮮半島近くの、それぞれ水深2000mの海底にあり、日本海盆ほどではないものの、やはり広大な平原です。

それらの間に、海底火山や小さな海山、海台（頂上が平らな高まり）がいくつもあり、水深2000mより浅い高まりをつくっています。

それらのほとんどは、日本海ができたあとに形成されたものです。

ただし、大和海盆には大和海嶺という九州の広さほどの山脈があって、水深わずか２３６ｍの大和堆《やまとたい》というひときわ高い山が形成されています。大和堆は火山ではなく、まだ日本海ができる前の２２５Maという非常に古い年代の花崗岩が採取されています。花崗岩は陸をつくる石です。このことは、当時はそこが陸地であったことを暗示しています。

地球物理学的な調査によって、大和堆を含む大和海盆自体が、島弧地殻あるいは大陸地殻でできていることもわかってきました。対馬海盆も同様です。三つの海盆では、日本海盆だけが海洋地殻からなっているのです。

日本海の海底については、簡単ですが、およそこのような地形になっていると知っておいてください。

いまだにわからない日本海の形成史

ところで、私はいま「日本海ができたあと」と言いましたが、「日本海ができる」とは、どういうことなのでしょうか。日本海はもともとどのようなもので、どのようにして現在のような姿になったのでしょうか。実はこうした日本海の形成史については、いまだに結論が出ていない状況で、多くの研究者がさまざまな説を唱えています。フォッサマグナについての謎も、もとをただせば日本海の謎であるともいえるのです。とりあえず以下に、現在までに定説とされていることを紹介していきます。

日本列島はかつて、ユーラシア大陸の東縁にくっついていました。それが中新世のおよそ17~15Ma頃にユーラシア大陸から離れて、日本海を形成するとともに現在の位置に来ました。ここまでのことに関しては、ほとんどの研究者が同意しています。

この議論は、古くは地球物理学者であり文学者でもあった寺田寅彦が1934年に発表した「日本海々底の形態」という論文に始まっています。そこには、このように書かれています。「日本嶋弧（筆者注：島弧）がもしも往昔（筆者注：むかし）大陸の東橡（筆者注：東縁）から分離したものであるというヴェーゲナーの考が正しいと仮定すると、現在の日本を逆に大陸の方に押し付ければ、或《ある》程度迄《まで》はうまく間隙なく接合されなければならない。」

寺田は、ウェゲナーの大陸移動説を日本海にあてはめたのですが、論文が発表された時期を考えると、それはきわめて斬新なものでした。大陸移動説は1912年に発表されていましたが、なかなか認められず、1930年にウェゲナーがグリーンランドを調査中に死亡して、大陸移動説も否定されてしまった直後だったからです。

寺田の考えは観測事実にもとづいたものではありませんでしたが、アイデアとしては多くの研究者に受け入れられました。

時は下り、１９８５年から２００３年にかけて実施された、世界中の海底を掘削して調査する国際プロジェクト「国際深海掘削計画」（ＯＤＰ）によって、日本海の形成史はかなり明らかにされました。

それによれば19Ma頃に、まだ大陸の東縁にくっついていた日本列島では、現在の九州の対馬や能登半島、西南日本の鳥取や島根などにあたるさまざまな場所でリフト（大地の裂け目）が形成されて、それが裂けていくリフティングという現象が始まったとされています。これによってできた裂け目が拡大して、大陸と日本列島の間に巨大な湖ができました。こうした日本海の拡大は、第2章で述べた男鹿半島の地層に記録されています。

現在では、さまざまなデータを総合的に解釈して、日本列島は20Maにはアジア大陸の東縁に位置していましたが、その後、少しずつ大陸から分離しはじめ、およそ17~15Maに現在の場所に移動してきたと考えられています（図３－２）。拡大が終わったのは15Ma頃とされています。

以上が日本海の形成についての、現在ではほぼ定説とされている考え方です。みなさんも39ページの図１－３（さかさまにした日本列島）をもう一度ご覧いただくと、ふだん「海」とし

(a) 17～15Ma

(b) 15～10Ma

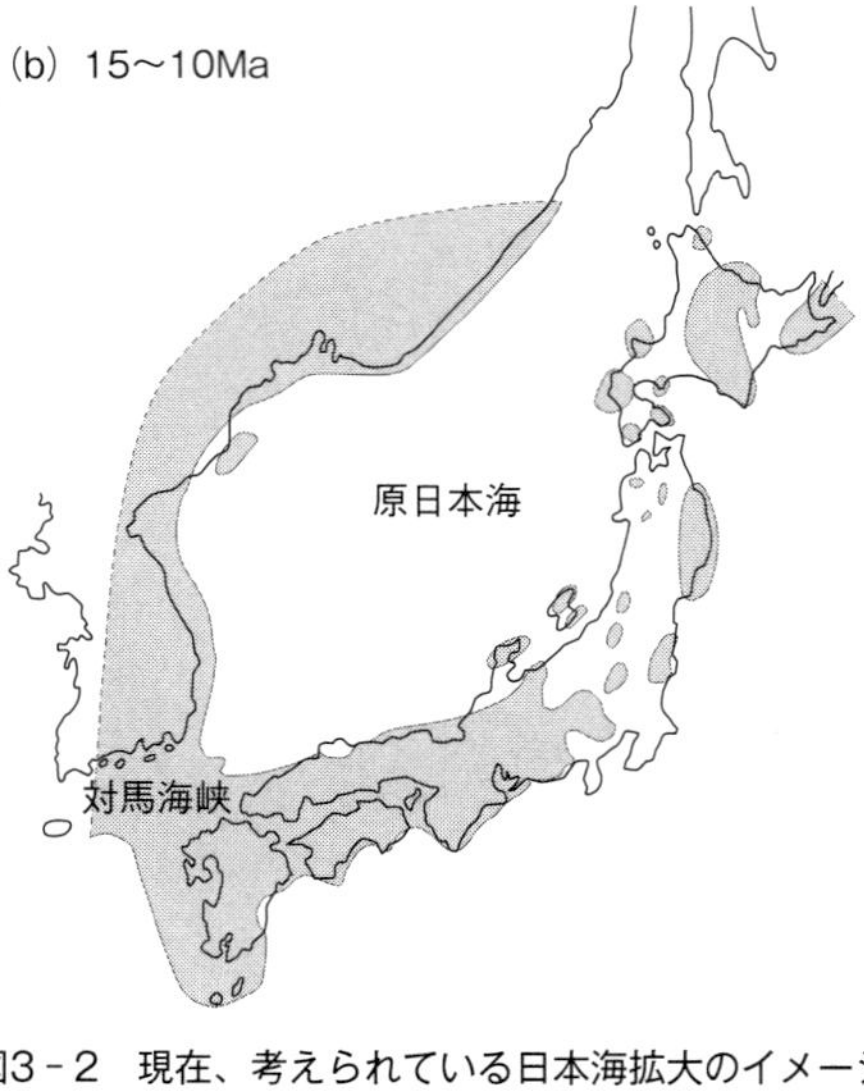

図3-2　現在、考えられている日本海拡大のイメージ

て見慣れている日本海が、拡大した「湖」のように見えてくるのではないでしょうか。

しかし、これらの年代は日本海の海底から直接決められたものではありません。陸上の火山岩を使った放射性同位体測定から、間接的に見積もられたものです。深海掘削のほかにも、日本海の拡大を視野に入れた地質調査や古地磁気学的な研究などが進められてきましたが、いずれも決定的な証拠を得るには至っていません。今後は日本海の最も底にある基盤岩、すなわち拡大が始まった最初期の岩石が海底から直接得られ、その年代がわかることが、日本海の拡大を知るうえでは決定的に重要です。しかし、これはあとでくわしく述べますが、至難の業なのです。

こうしたことから、日本海の拡大の年代のみならず、そもそもどのようにしてリフトが形成され、拡大が起こったかというメカニズムについても、一致した考えは現在に至ってもなお得られていないままなのです。

日本海形成の七つのモデル

日本海でなぜ拡大が始まったのかについては、現在、どのような考え方があるのでしょうか。さまざまな研究者によって、以下のようにおよそ七つのモデルが提案されています。

（1）陥没説
（2）大陸移動説
（3）沈み込みによるマントルの上昇説
（4）プルアパートベイズン説
（5）トランスフォーム断層説
（6）ホットリージョンマイグレーション説
（7）オラーコジン説

このうち、（1）だけは日本列島がいまの位置と変わらないというモデルで、（2）以下はすべて大陸から離れて現在の位置にまで移動してきたというものです。それぞれのモデルの概要を紹介していきましょう。

（1）陥没説

日本海全体が現在の位置で、どすーんと陥没したというモデルです。かつては一世を風靡し、多くの人が疑いをもたなかった考えでした。しかし、プレートテクトニクスが生まれて、日本海の日本海盆が海洋地殻をもつこと、つまり海洋地殻（海のプレート）が移動して沈み込んでいることがわかってからは、顧みられなくなりました。

(2) 大陸移動説

前述した、寺田寅彦が提案したモデルです。日本列島が大陸から移動していまの位置に来たとする考えの草分けで、ウェゲナーの大陸移動説を日本海に応用したものです。

日本列島の移動を古地磁気の研究から提唱した人もいます。乙藤洋一郎のグループは日本列島のいろいろな場所から岩石を採取して、その磁気を調べました。よく知られているように、地球の磁場は変動していて、磁気的な北極と南極の位置は動いています。岩石には地磁気が記録されていて、それを調べれば、その当時の地球磁場ではどこが北の方位だったか（古地磁気方位といいます）がわかり、岩石の方位が確定できるのです。

乙藤らはそのうち、およそ15Maよりも古い岩石についてまとめました。すると、東北日本の古地磁気方位は平均すると現在よりも西に偏っていましたが、西南日本では反対に、現在よりも東に偏っていました（図３－３）。過去の地球磁場が現在と異なっていたとしても、東北日本と西南日本でこれほど「北」の方位が違っていたとは思えません。とすると、この差異は、東北日本と西南日本がそれぞれ別々の回転運動をして、別々に現在の位置にまできたと解釈するしかないでしょう。

こうしてわかったのが、東北日本は反時計回りに、西南日本は時計回りに回転したため、もともとは北にそろっていた古地磁気方位が反対向きになってしまったということです。このことを「日本列島の折れ曲がり」として先駆的に提唱したのは川井直人でした。

日本海を隔てて大陸側の海岸線を考慮し、東北日本と西南日本をそれぞれ回転させながらもとに戻すと、日本列島は大陸の縁にほぼ隙間なく収まります（図3－4）。そして、日本海は大部分がなくなります。乙藤らは、日本列島はかつて大陸の縁に位置していたのが、東北日本と西南日本がそれぞれ反対向きに回転しながら南東に移動したために、その背後が広がって日本海が形成されたことを古地磁気学的に主張したのです。これは「観音開き説」とも呼ばれています。

（3）沈み込みによるマントルの上昇説

島弧の火山がどうしてできるのかについて明らかになってきたときに、その一環として縁辺海も同様にしてできたという考えが提案されました。東北日本弧には太平洋プレートが沈み込んでいます。沈み込んだプレートからは水が放出されて、マントルの融点が下がり、マントルは融解してマグマが発生します。マグマは上昇して、地表に火山列を形成します（40ページ図1－4参照）。このことを実験的に確かめた久野久、久城育夫、巽好幸らは、日本海の地下の

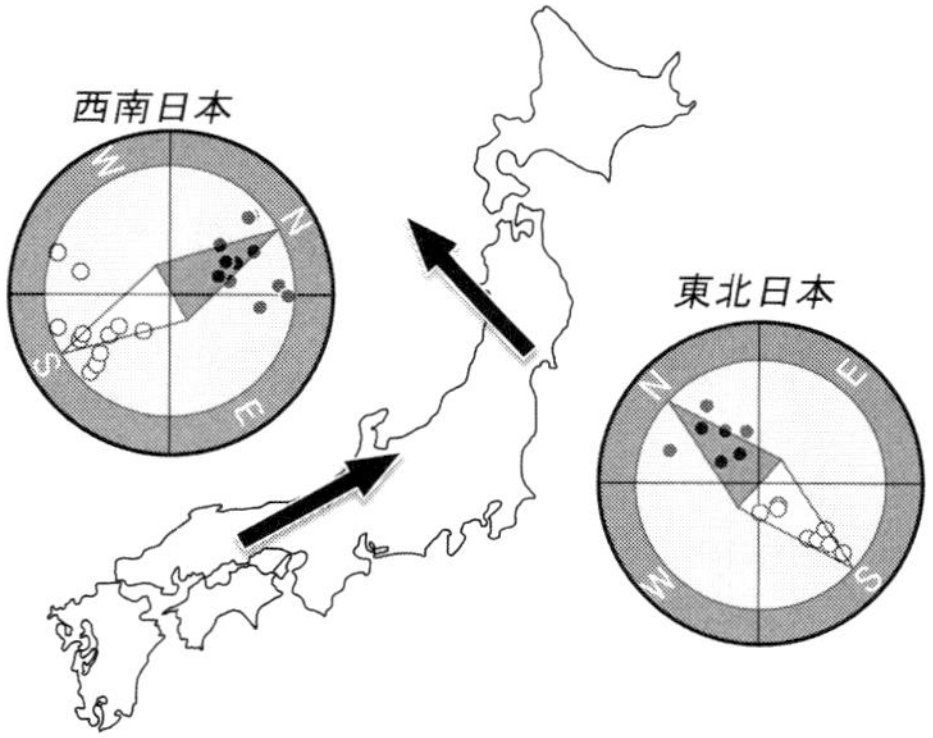

図3－3　15Maより古い岩石の古地磁気方位
北の方位が東北日本は西に、西南日本は東に偏っていた
（高橋2014による）

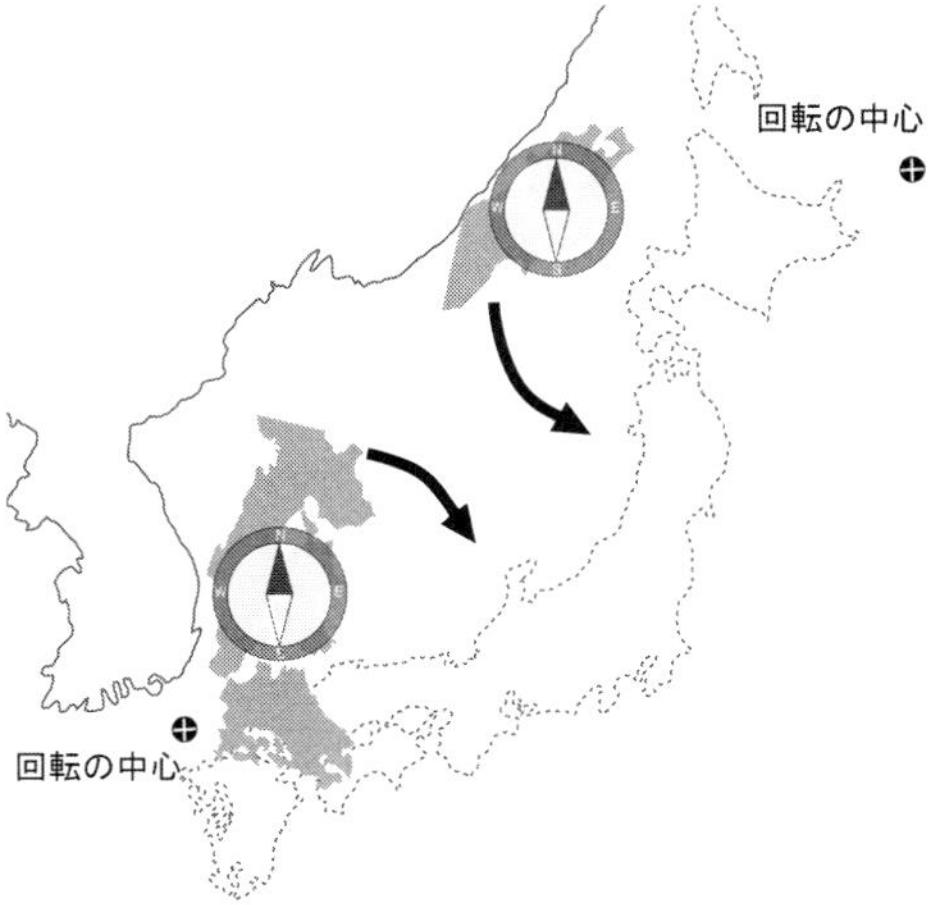

図3－4　日本列島の折れ曲がりを主張する「観音開き説」
東北日本は反時計回りに、西南日本は時計回りに回転しながら大陸から離れたとする説（高橋2014を改変）

かなり深い場所でマントルの部分融解（あるいは温度異常）が起きたことで大量のマグマが発生して、リフトが大地を裂き、日本海を拡大させたという説を提唱しました。

太平洋プレートの沈み込みに関しては最近、高橋雅紀が日本海溝の「ロールバック」による海溝の後退によって日本海が拡大するという説を出しています。ここで説明するのはやや難しいのですが、海のプレートの沈み込みとはプレートが「消費される」ということであり、それを補うために海溝が後退する結果、陸のプレートが伸びて裂け目ができ、リフトになるという考え方です。

(4) プルアパートベイズン説

前述の国際深海掘削計画（ODP）や深海掘削計画（DSDP）では、日本海の航海が三つ計画されました。その一つの共同主席研究者だった玉木賢策が、フランスの若い研究者ローラン・ジョリベと考えたモデルです。当時、地質調査所（現在の産総研）にいた玉木は、日本海の海底地質図を作るための航海に参加して音波探査をおこない、日本海の堆積構造をくわしく調べていました。彼らは日本海の北側（東側）にある横ずれ断層と、南側（西側）にある対馬あたりを通る横ずれ断層の二つの組み合わせがセットでずれることで、両者の間の部分が引っ張られて空洞ができて、日本海が陥没したと考えたのです。そういう意味では一種の陥没説かもしれません。

この説の難点は、そもそも南北両端の断層が横ずれであることや、それらが同時に動いたことを示す証拠がないことです。玉木は２０１１年に逝去したので、それを尋ねて確かめるすべはありません。

(5) トランスフォーム断層説

相馬恒雄と丸山茂徳が提唱したモデルで、日本海の中にはたくさんのトランスフォーム断層（プレートどうしによる横ずれ断層→52ページ図1-11参照）があって、それらが日本列島を南へ押しやり、その間に日本海ができたという考えです。

さきほど述べたように、日本海の中にはたくさんの海山や海台があります。それらの中には大和堆のように、巨大でありながら火山活動とは無関係のものもたくさんあります。相馬と丸山はこれらの「邪魔物」を整理して、日本海をいったんすべて元通りに閉じてしまうという架空の作業をおこないました。そして、これらの邪魔者を現在の位置にもってくるために必要なトランスフォーム断層をたくさん仮定して、この説を提出したのです。

この説の難点は、たくさんのトランスフォーム断層があったという痕跡が、実際にはどこにも残っていないことです。また「邪魔者」を整理する方法が一通りではなく、どのような組み合わせも可能と思われることです。

(6) ホットリージョンマイグレーション説

この説は都城秋穂《みやしろあきほ》が考えたもので、壮大なアイデアです。マントルの深部にはホットリージョン（熱い地域）という融ける寸前の（あるいは一部融けた）高温の「プルーム」があって、これがゆっくり移動（マイグレーション）しながら、縁辺海をつくったという考えです。

プルームとは、マントルの中では地震波の伝わる速度が場所によって異なることから提唱されたものです。地震波の速度は温度や圧力、水の存在などによって変わります。マントルの中に水がじゃぶじゃぶあるとは考えにくいので、温度がいちばん効いてくると考えられます。温度が高くなると固体のマントルは軟らかくなってプルームとなり、その中を通る地震波の速度は遅くなるのです。速度の遅い部分では、プルームはまるで煙のように数千㎞もの大きさの塊となっていることがわかりました。そのためプルーム（煙）と呼ばれているのですが、プルームは固体です。これが地表近くでは圧力の低下や温度の上昇によってマグマになるのです。

現在の地球では、東アフリカやフレンチポリネシアの地下で、高温のホットプルームが地表近くまで押し寄せていることがわかっています。人類の発生はいまから600万年ほど前に東アフリカがプルームによって裂けて、森と平原に分かれ、森に残ったチンパンジーと平原に残った人類とが袂を分かちあったためと考えられていました。

このようにプルームには大地を引き裂く作用があります。都城は東アジアの縁辺海の年代などを総括して、南シナ海、スル海、西フィリピン海盆、パレスベラ海盆、四国海盆そして日本海などの年代が、いずれも第三紀のものであること、しかし少しずつ年代が違うことから、これらすべての縁辺海が、ホットリージョンでのプルームの移動によって次々に拡大したと考えたのです。

（７）オラーコジン説

立石雅昭と志岐常正が提案した考えです。「オラーコジン」とはみなさんには耳慣れない言葉だと思いますが、もともとはロシアの研究者が１９６０年代に使いはじめたもので、ギリシャ語の「溝」と「生成」を意味しています。

ロシアの古い卓状地（テーブルのように平坦な地形）の中には、大規模な溝状の断裂を呈するものがありました。それらの断裂はしばしば三つの方向に分かれていて、それらが１点に集まる点（三重会合点）では、二つのよく発達した「腕」と、未発達の第３の「腕」ができることが多いというのです。このような断裂がオラーコジンです。未発達の断裂といっても、幅は数十㎞、長さは数百㎞にも及ぶ大規模なものです。

オラーコジンに着目したのが、ポール・ホフマンらアメリカの地質学者たちでした。地球内部からプルームが上昇してきて地殻を裂いてマグマが噴きだすときは、地殻は3方向に裂かれて、「Y」の字のような断裂ができ、そのうちの発達した2方向は海洋をつくり、残った不完全な1方向の断裂が閉じて、造山帯（山脈）をつくるという解釈をしたのです。彼らはカナダの先カンブリア時代の楯状地の大きな構造を、オラーコジンにあてはめて考えています。その後、プレートテクトニクスが提唱されると、プレートの三重点にもオラーコジンの考え方が応用されていきました。

立石と志岐は、ユーラシア大陸の縁に3方向の割れ目が形成され、そのうちの2方向が日本海を形成し、残る未発達の一つがフォッサマグナになったと考えたのです。

日本海の形成を考える困難さ

日本海の形成については少なくともこれだけの考え方があり、どれが正解かを見きわめるのは非常に難問です。日本海の拡大はフォッサマグナの形成と年代的にも一致していますので、これらの考えのうち大きな溝状の地形を形成しうるものが有力候補といえます。しかし、日本海も深い海ですが、フォッサマグナは6000m以上もある溝なのです。このように深い地形は現在、地球上で知られているものとしては海溝、トランスフォーム断層、リフト、オラーコジンくらいしかありません。さらに、フォッサマグナの中には海底火山活動の産物が知られているので、海底火山もできなければなりません。それらの条件を満たす正解はあるのでしょうか。

地球物理学的な研究の手法としては、さきほども述べた地磁気による年代測定がよく採られる方法です。岩石に記録されている地磁気を調べることで、その地磁気の状態にあったときの地球の年代がわかるわけです。ところが、日本海の地殻では、岩石に地磁気の記録が観測されていないのです。

日本海に地磁気の記録が見られない理由は、温度が高いからだという考えもあります。磁鉄鉱は温度が573℃以上になると磁性を失ってしまいます。たとえばエジプトとアラビア半島の間にある紅海の底には高温の熱水が循環していて、幅の狭い紅海では海底の温度が70℃以上あり、地殻のすぐ下の温度はおそらく500℃近くになっているため、磁鉄鉱の融点に近づいて磁気が弱まり、あるいはゼロになっていると考えられています。日本海盆も拡大していた当時は同様の状況だったのではないかと考えている研究者が多いようです。

いずれにしても日本海では、地磁気による年代測定ができません。したがって現在も、陸上の磁気を帯びた火山岩の地磁気から、おおよその年代を特定するしかないのです。ここに、日本海の形成史を考えるうえでの根本的な難しさがあります。

ただし、すでに述べたように男鹿半島には、日本海の拡大に関係したと思われる地層が連続的に出ています。これらの地層が示す古環境は、日本海が陸から浅い海へ、浅い海から深海へ、そして徐々に浅くなって汽水、陸上へという変遷を遂げたことを物語っています。そして、それはまさに日本海の拡大と停止を示すものと考えられます。これらの地層の年代をきめ細かく決定することによって、日本海の拡大開始からの変遷をたどることができれば、日本海形成の真実もはっきりしてくるでしょう。

このように、北部フォッサマグナの成り立ちについては日本海の謎に直結しているだけに、きわめて混沌とした状況です。こうした状況のなかで、私なりのフォッサマグナの形成シナリオを示すのは、至難の業といえます。できればギブアップしたいほどだったのですが、のちの章で何らかの答えは示そうと思っています。

しかし私たちはその前に、「もうひとつの海」についても見ていかなくてはなりません。

Column

フォッサマグナに会える場所
④ 下仁田ジオパーク

世界遺産に指定された富岡製糸場からほど近く、フォッサマグナの東の縁あたりの下仁田町（群馬県）で展開されているのが、下仁田ジオパークです。

ここでは2015年から、「日本列島の誕生をひもとく根無し山」がテーマとなっています。「根無し山」とはこの地域独特の構造をもつ山々で、基盤となる青や緑色がかった岩の上に、どこか別の場所で形成された岩体が滑って移動してきて乗っかり、それが浸食されて山の形になったものが連なっているものです。このような地形を「クリッペ」といい、アルプス山脈やヒマラヤ山脈が大陸の衝突で形成されたときにできたことはわかっていますが、下仁田のクリッペをつくった岩体がどこからやってきたのかは謎で、それがわかれば日本列島形成の謎に迫れるのではないか、というわけです。

さて、この根無し山の裾野となっている青岩公園などで、基盤岩となっているほうの緑色の岩が、実は三波川変成岩なのです。糸静線に入って消えたかと思われた、西南日本から続く古い地質帯です。下仁田ジオパークの事務所がある小学校跡のすぐ近くの河原では、クリッペを形成している基盤岩と乗っかってきた岩体との境界が見られます。

川井の大北野—岩山断層。中央構造線の延長と考えられている

さらに、川井というところに行くと大北野—岩山断層という断層が見られるのですが、これは中央構造線の延長と考えられています（写真）。下仁田は中央構造線の「八の字」でいえば、右側の字画のいちばん上から少しだけ下がったところにあたり、まさに消えていた中央構造線が「復活」する場所なのです。川井の断層は、関東では最もよく中央構造線が見える場所とされています。

こうして見ると、フォッサマグナでは中央構造線や三波川変成岩などが消えてしまっているのではなく、前のコラム（↓89ページ）で述べたように、なんらかの形で連続性を保っているということが認識されてくるのです。

下仁田ジオパークには、第四紀の火山である妙義山もあります。平坦な丘陵からいきなり、浸食によって削られて岩がごつごつした高い山がそそり立つ姿は、日本三大奇勝といわれ、見る者をぎょっとさせています。

第4章

海から見たフォッサマグナ
――フィリピン海の北上

フィリピン海の境界

「フィリピン海」という名前の海は、多くの方にはあまりなじみがないのではないでしょうか。地理的には太平洋の一部ですが、その東は伊豆・小笠原弧やマリアナ弧によって、太平洋と区切られているために、とくに地球科学では縁辺海とみなし、独立してフィリピン海として扱うことが多いのです。

そしてフォッサマグナを考えるうえで、北部フォッサマグナについては日本海が重要であったように、南部フォッサマグナについては、このフィリピン海を抜きには語れません。

フィリピン海はフィリピン海プレートという「器」に載っています。そこで、まずはフィリピン海プレートの境界を見てみましょう（図4－1）。

富士山から時計回り（右回り）に見ていくと、その境界は、まず神奈川県西部の酒匂《さかわ》川に沿って相模湾に入り、相模トラフ、房総沖海溝三重点を通ったあと、伊豆・小笠原海溝、世界一深いマリアナ海溝、ヤップ海溝、パラオ海溝といった海溝へと南下します。その後、フィリピン海溝を北上し、台湾の中央山脈と海岸山脈との間の花東縦谷（衝突帯）へと達したあと、琉球海溝、南海トラフ、駿河トラフから富士川に沿って、富士山へ戻ります。

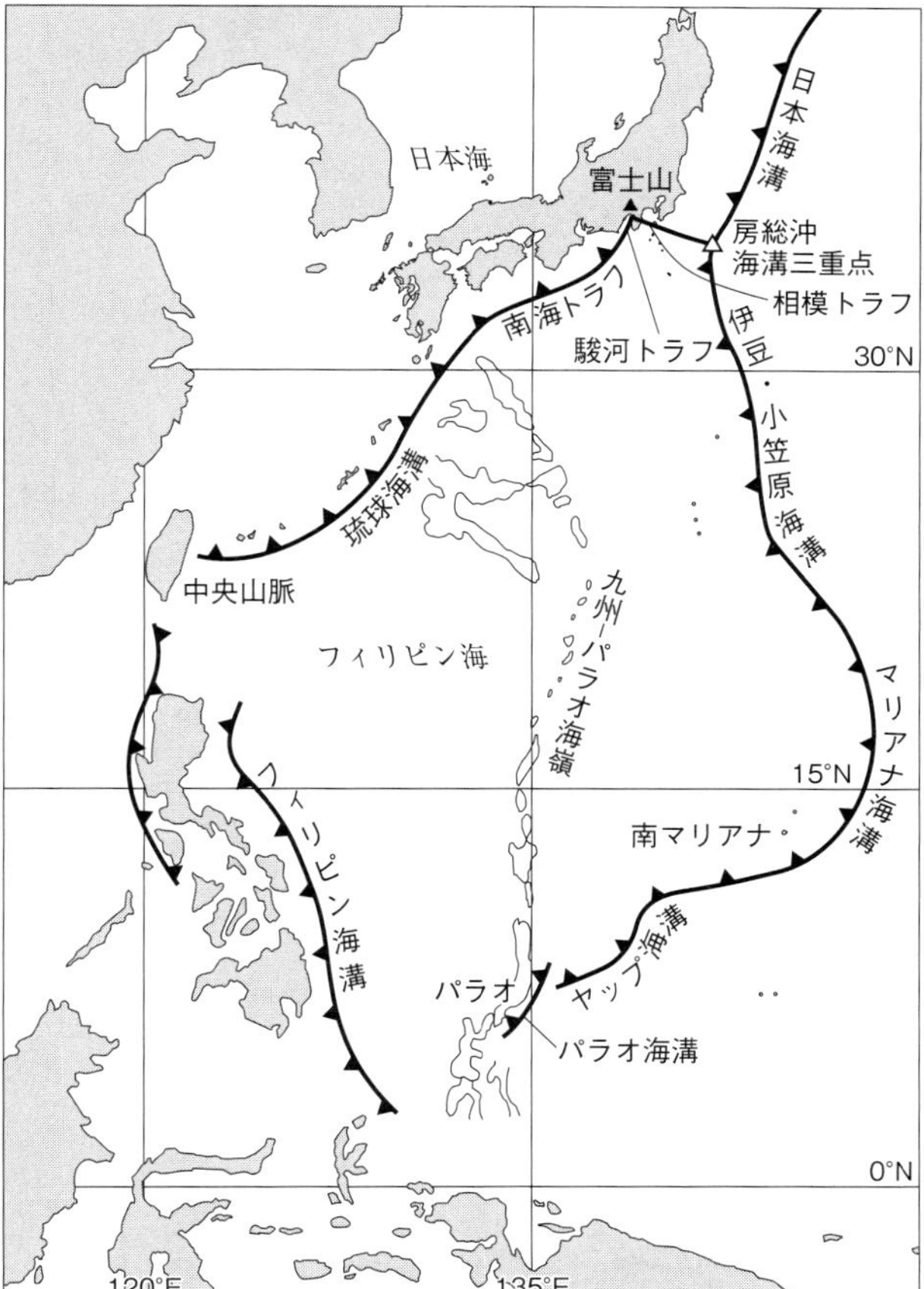

図4－1　フィリピン海プレートの境界
境界のほとんどは海溝である

このようにフィリピン海プレートの境界はほとんどが海溝です。そして、これらの海溝に、フィリピン海プレートと太平洋プレート、さらにカロリンプレートと呼ばれる小さなプレートが沈み込んでいます。

フィリピン海プレートと背弧海盆

フィリピン海の受け皿となっているフィリピン海プレートは、三つの大きな海盆によって形成されています（図4－2）。西フィリピン海盆、四国海盆、パレスベラ海盆（沖ノ鳥島海盆）です。

プレートの中央部は九州からパラオ諸島まで、海底山脈がZ字状に連なる九州－パラオ海嶺で東西に二分されています。この海嶺の西側にあるのが西フィリピン海盆で、東側は、北に四国海盆、南にパレスベラ海盆が広がっています。九州－パラオ海嶺は古い島弧で、かつては伊豆・小笠原弧と同一のものでしたが、34Ma頃に東西に分離しました。その間に、四国海盆やパレスベラ海盆ができたと考えられています。

これら三つの海盆は、いずれも島弧や海溝とセットになっています。西フィリピン海盆の北側には、奄美海台、大東海嶺、沖大東海嶺などの白亜紀から古第三紀（145～23Ma）にでき

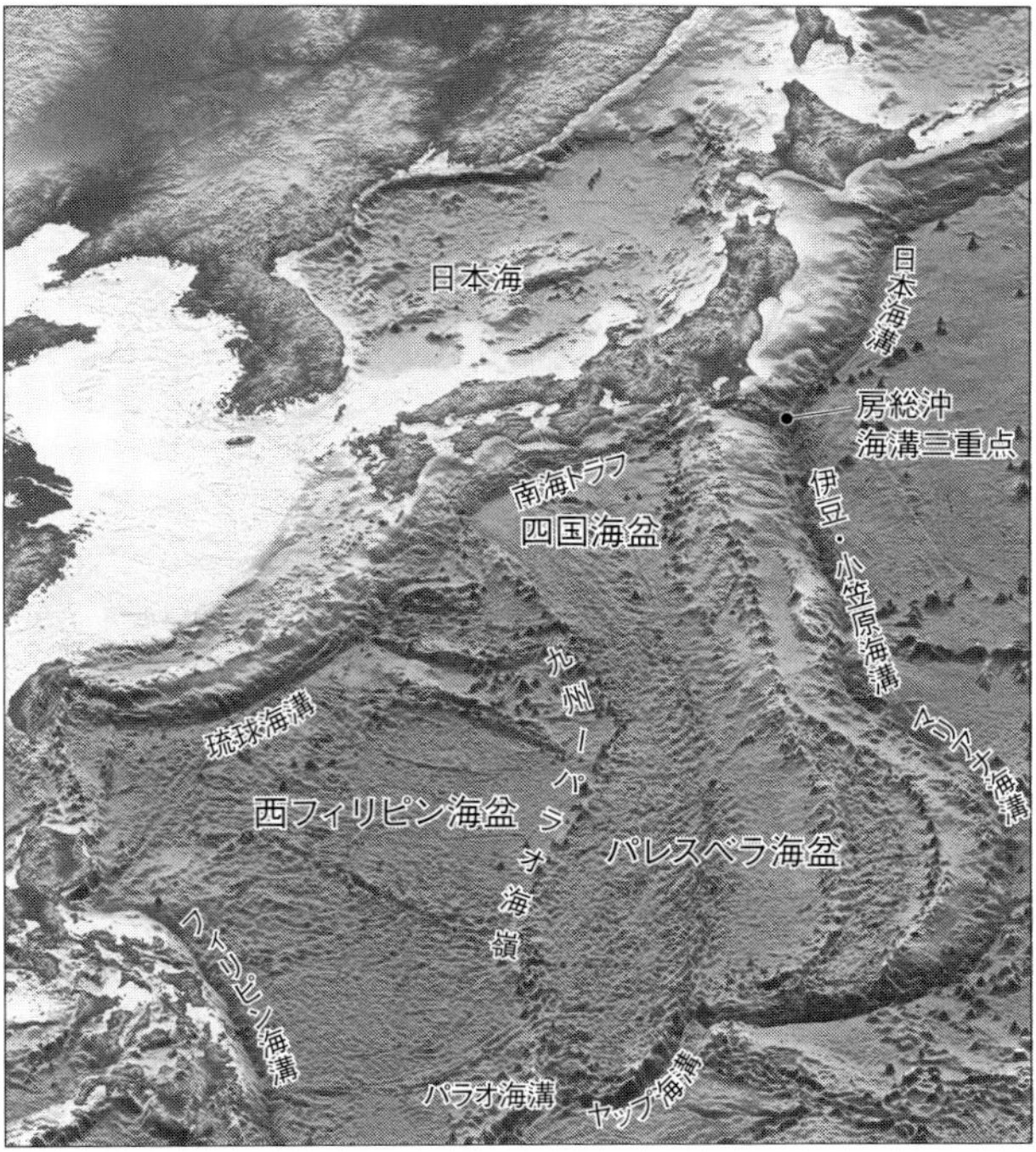

図4－2　フィリピン海プレートの地形
おもに３つの大きな海盆で形成されている

た海台と古い島弧があって、それらは現在、琉球海溝にぶつかっています。四国海盆には、海嶺の場所ははっきりしていませんが南北に並んだ紀南海山列があります。パレスベラ海盆の東側には、西マリアナ海嶺を挟んでマリアナトラフという海盆があります（マリアナ海溝とは別のものです）。

このような海盆は「背弧《はいこ》海盆」と呼ばれるもので、島弧―海溝系に特有の海盆です。島弧―海溝系ではプレートが動いていく方向に海溝があり、島弧があり、その向こうの大陸との間に海があります。それが「背弧」です。海溝から見れば、島弧の背後にある海というわけです。いうなれば、縁辺海のうち、島弧―海溝系に組み込まれているものが背弧ということです。第3章では述べませんでしたが、日本海も背弧です。

そして、この背弧が拡大して、そこに海盆ができたものが背弧海盆です。背弧の拡大は、背弧の下にたまったマグマがリフト（大地の裂け目）をつくって溶岩を噴出させ、新しいプレートを生産することで起こります。

背弧がどのように拡大するのかについては、二つの説が考えられています（図4-3）。

一つは、背弧からの新しいプレートの生成によって海溝に沈み込むプレート（スラブともいいます）が後ろへ押しやられ、海溝そのものが後退していくというものです。この場合、背弧

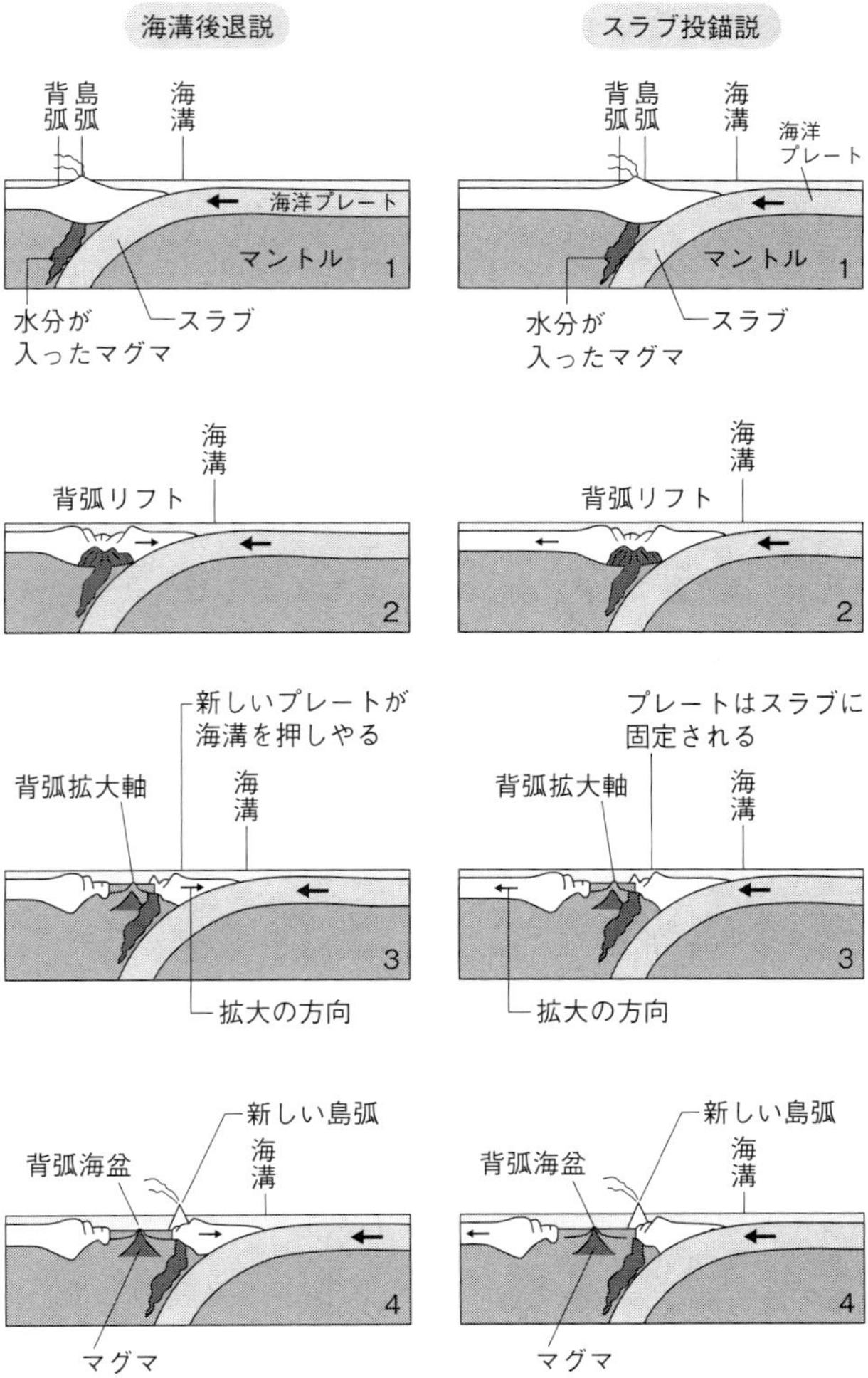

図4－3　背弧海盆のでき方
「海溝後退説」と「スラブ投錨説」という２つのモデルがある
（マグマはプレートの沈み込みで融解したマントル由来とした）

はもとの位置のまま拡大していきます。これを「海溝後退説」といいます。

もう一つは、海溝に沈み込んだスラブが錨（アンカー）のような役割をして海溝をがっちりと固定するため、背弧のほうが海溝の反対側に移動しながら拡大していくという説です。これを「スラブ投錨説」といいます。ただし、どちらもまだ仮説にとどまっていて、決着は当分つかないと思われます。

東アジアの島弧―海溝系にはたくさんの背弧海盆があって、それらを島弧―海溝―背弧系ということもあります。先にあげたフィリピン海の三つの背弧海盆は、いずれも背弧拡大によってインドネシアのカリマンタン島（ボルネオ）に近い場所から、現在の位置に移動してきたと考えられています。

フィリピン海はどうしてできたのか

フィリピン海は、これらの背弧海盆が拡大することで形成されたことがわかっています。海盆拡大の歴史については深海掘削や地球物理学的な研究がよくおこなわれていて、日本海ではできなかった地磁気の解析も可能です。

これまでにわかっている、フィリピン海の海盆拡大の歴史は以下のようなものです。

まず、およそ56～34Maに西フィリピン海盆が南北方向に拡大を始めます。その後、東のパレスベラ海盆が27～17Maに、そして四国海盆が25～15Maに東西方向に拡大して、現在に至ったと考えられています。

西フィリピン海盆の拡大時には、フィリピン海プレートは南海トラフ（現在のものとは違う古いトラフです）への沈み込みを始めていたと考えられます。しかし、四国海盆が拡大していた時期には、古い南海トラフはトランスフォーム断層に変わっていて、フィリピン海プレートは沈み込んでいませんでした。

西フィリピン海盆や四国海盆の拡大が終わると、フィリピン海プレートは北への移動を開始し、再び海溝への沈み込みを始めました。それが現在の南海トラフです。

このようにフィリピン海の形成については、諸説がひしめく日本海とは違って、背弧海盆の拡大によってできたということでは意見の一致をみています。しかし、ではなぜ背弧が拡大するのかについては、マグマがどこから来るのかをめぐって二つの考え方に分かれています。

一つは、海溝に沈み込んだプレートが沈み込まれる側のマントルを融解させてできたマグマの上昇がリフトをつくり、背弧を拡大させたという考え方です。背弧海盆が島弧―海溝系につきもので、プレートの沈み込みと深い関係がありそうなことから、この考えが一見、正しそうに思われます。

しかし、もう一つの考え方があるのです。それは、プルームの上昇によってできたマグマがリフトをつくり、背弧を拡大させたというものです。日本海の形成でも出てきた、都城秋穂が提唱したホットリージョンマイグレーション説です。プルームはプレートが沈み込む場所よりずっと深いところから、地球上のどこにでも出てきます。もしこの説が正しければ、背弧の拡大とプレートには関係がないことになります。島弧—海溝系だから拡大したわけではなく、たまたまそこにプルームが来たから、ということです。

実は、「背弧の拡大」というように背弧を特別視する考え方は、まだプルームが知られる前に提唱されたものでした。都城はそれに対して、東アジアの縁辺海は背弧も含めて、すべてプルームの移動によって次々と拡大したと考えたのです。

現在のところ、このどちらの考え方も決定的なものにはなっていません。

伊豆・小笠原弧はどうしてできたのか

マグマがどこから来たのかはともかくとして、背弧拡大によってフィリピン海が形成されたのは確かなこととされています。そして拡大が終了し、フィリピン海プレートが北上を開始すると、それにともなって伊豆・小笠原弧も移動を始め、はるか南から日本列島に向かっていきます。南部フォッサマグナの形成のはじまりです。

ここで、伊豆・小笠原弧についてもう少しくわしく見ていきましょう。

日本列島をとりまく５つの島弧―海溝系のうち、伊豆・小笠原島弧―海溝系は、房総沖海溝三重点（相模トラフ、日本海溝、伊豆・小笠原海溝が一点で交わる場所）から南の小笠原海台まで連続する伊豆・小笠原海溝と、それに並走して本州の八ヶ岳から海に出ていき伊豆七島から南硫黄島まで連なる火山フロントをもっています（図４－４）。全長は約１２００km、幅は約４００kmです。伊豆・小笠原海溝には東側から太平洋プレートが沈み込み、火山活動や地震活動が活発に起こっています。

東北日本弧や西南日本弧は陸地となっていますが、伊豆・小笠原弧は、火山島以外はすべて海面下にあります。地殻を構成する岩石は、東北日本弧や西南日本弧では大陸に特徴的な花崗岩が多いのに比べて、伊豆・小笠原弧では花崗岩は地表になく、玄武岩や安山岩を主とする「未成熟な」島弧となっています。未成熟というのは、花崗岩をもち、陸上に高々と聳える島弧に比べて、それほど高くなく、まだ十分に大きくなっていないという意味です。

１９８９年に行われた国際深海掘削計画（ＯＤＰ）での伊豆・小笠原弧の深海掘削や、太平

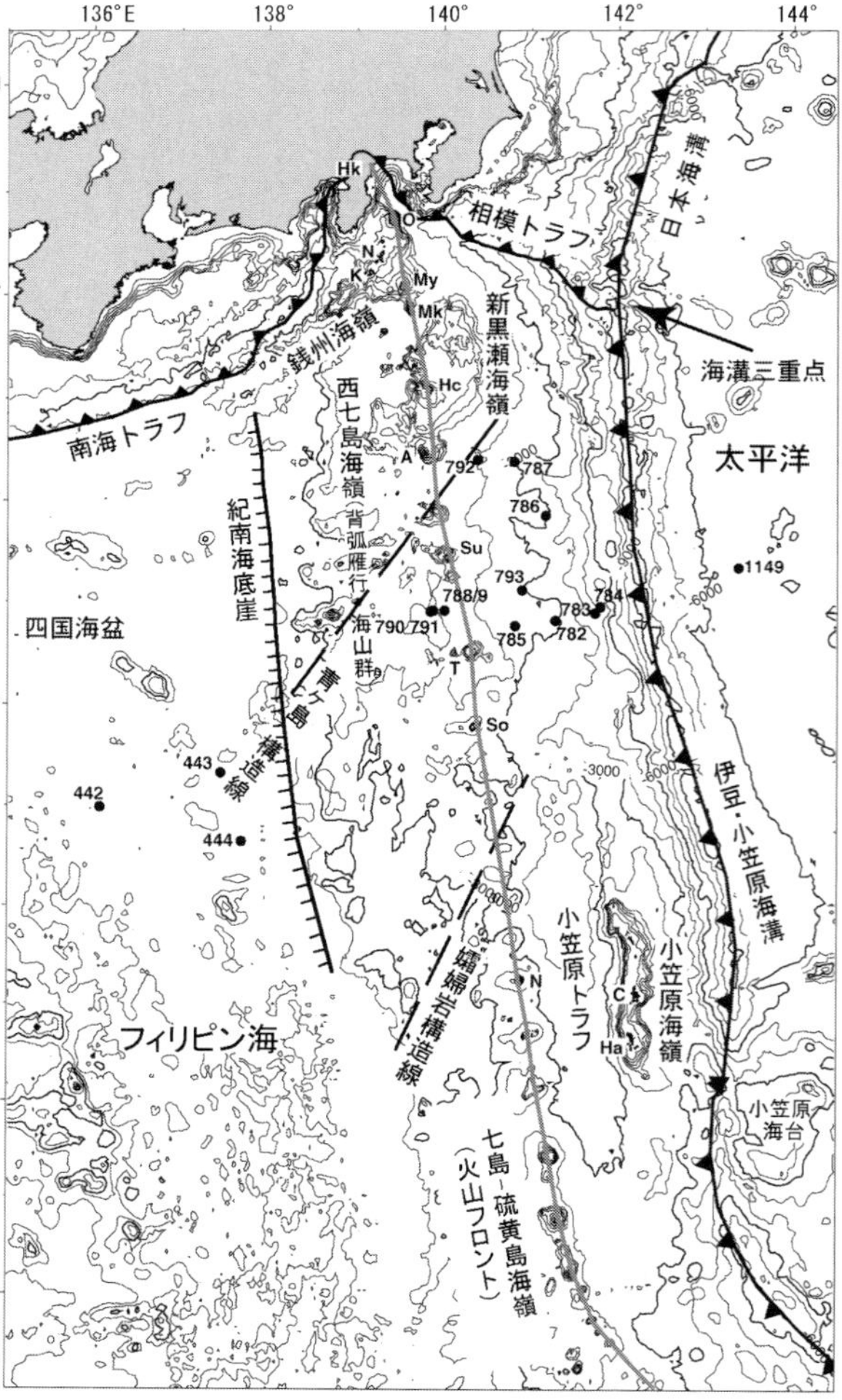

図4－4　伊豆・小笠原弧の海底地形
数字はODPの掘削点

洋プレートの運動の向きについての研究から、伊豆・小笠原弧の発達史が明らかにされてきました。

いまから52Maに、太平洋プレートの運動の向きが北北西から西北西に変化して、太平洋プレートは伊豆・小笠原海溝への沈み込みを開始しました。これによって火山活動が始まり、海底火山列が誕生しました。その後、およそ52～34Ma（50～28Ma）に、海底火山列は現在の九州―パラオ海嶺と一体になって、最初の島弧が成長しました（カッコ内は最近、石塚治らが決めた年代）。これが「古伊豆・小笠原弧」と呼ばれる古島弧です。水深4000mほどの深海底から、約2000万年で島弧となって海上に顔を出したのですから、1000万年間に約2000mという膨大な量の火山岩が集積したことになります。この古島弧がその後、分裂・移動して、現在の九州―パラオ海嶺と伊豆・小笠原弧になったのです（図４－５）。

火山活動が活発であった時期は52～34Ma（50～28Ma）までと、８Maから現在です。その間は比較的静穏な時期でした。そして、この間の25～15Ma頃に、四国海盆の拡大とフィリピン海の形成、フィリピン海プレートの北上、そして伊豆・小笠原弧の本州への衝突という大イベントが立て続けに起こったのです。

残っている堆積物の地磁気から、伊豆・小笠原弧は緯度にして最大15度ほど（約1500

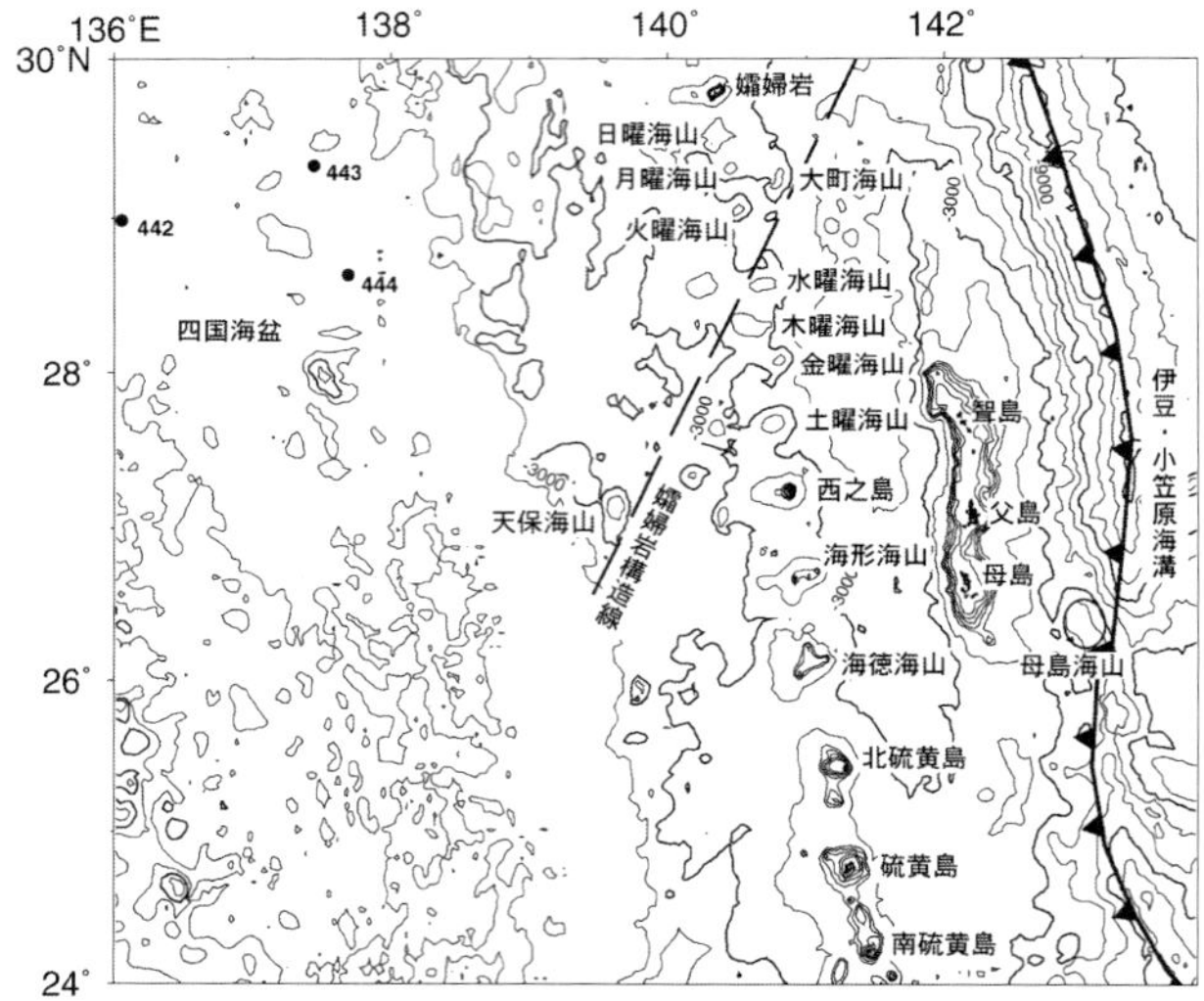

図4－5　伊豆・小笠原弧の海底火山列
伊豆・小笠原弧南部の海底地形を示した

km）南から徐々に北上してきたことが明らかにされています。このとき、第2章でも述べたように伊豆・小笠原弧は地殻の厚さが約25～20kmと、海洋地殻（厚さ約5km）に比べて4～5倍も厚かったことがわかっています。そのため、地殻のすべてが南海トラフに沈み込むことができませんでした。伊豆・小笠原弧の地殻はデラミネーション（層間剝離）という現象を起こして、地殻下部の重たい部分だけが沈み込み、地殻上部の軽い部分がはぎとられて、本州へと乗り上げたのです。これが現在の丹沢山地です。

衝突が開始した15Ma頃、伊豆・小笠原弧では火山活動はあまり活発ではなかったのですが、丹沢が乗り上げていった10～５Maには活発になっていたことが窺えます。島弧の地下にはこの頃の花崗岩（甲府花崗岩）が見られ、深成岩の形成が進んだ可能性を示唆しています。

これも第2章で述べたように、南部フォッサマグナでは伊豆・小笠原弧の衝突によって、まず巨摩山地が形成され、その後、12～10Ma頃には御坂山地、５Ma頃に丹沢山地、そして１Ma頃に伊豆半島が形成されたと考えられています。およそ１４００万年というスパンです。しかし、なかには伊豆・小笠原弧の衝突でできたのは丹沢山地だけで、巨摩山地や御坂山地が衝突でできたことについては疑問視する考えがあることも述べました。

「八の字」の謎への答え

さて、伊豆・小笠原弧が本州までたどりついたところで、これまでにあげたフォッサマグナの謎のうちでひとつだけ、答えを出すことができます。それは第1章で述べた、中央構造線がフォッサマグナを境に「八」の字を書いたように曲がっているのはなぜか、という謎です（45ページ図１－７参照）。

すでに見てきたように、日本列島は中央構造線をはじめ、西南日本の外帯、内帯など、とくに西側で東西に伸びていく地形が目立つという特徴がありました。これは大局的に見ると、日本列島がかつて大陸の東縁にあったときに、現在の日本海溝から南海トラフまでを結ぶ線に沿って、太平洋からの海洋プレートの沈み込みをほぼ連続的に受けてきたことを示しています。

そうした東西に走っている地形が、とくに中央構造線を見ると、フォッサマグナ地域の手前で北東方向へぐっと湾曲し、そのあとフォッサマグナの中では消えてしまい、東側で再び姿を現すと、東南方向に下がるという、「八」の字のような軌跡を描いているわけです。

その理由は、日本列島が日本海の拡大によって現在の位置についたときに、ちょうど伊豆・小笠原弧が本州に衝突したからです。

伊豆・小笠原弧は本州に乗り上げて南部フォッサマグナを形成しましたが、変動はそれで終わっていません。フィリピン海プレートは本州に行く手を阻まれても、北上をやめるわけではありません。伊豆・小笠原弧はぐいぐいと本州に押しつけられます。こうして中央構造線をはじめとする東西性の地質構造が変形して、「八」の字をつくったのです。

関東地方を流れる多摩川、相模川、酒匂川の流路を見ると、面白いことがわかります（図4-6）。三つの川は、なんとなく同じように「八」の字に近い曲線を描いているように見えませんか。実はこの流路こそ、伊豆・小笠原弧を載せて本州を押し込んだフィリピン海プレート

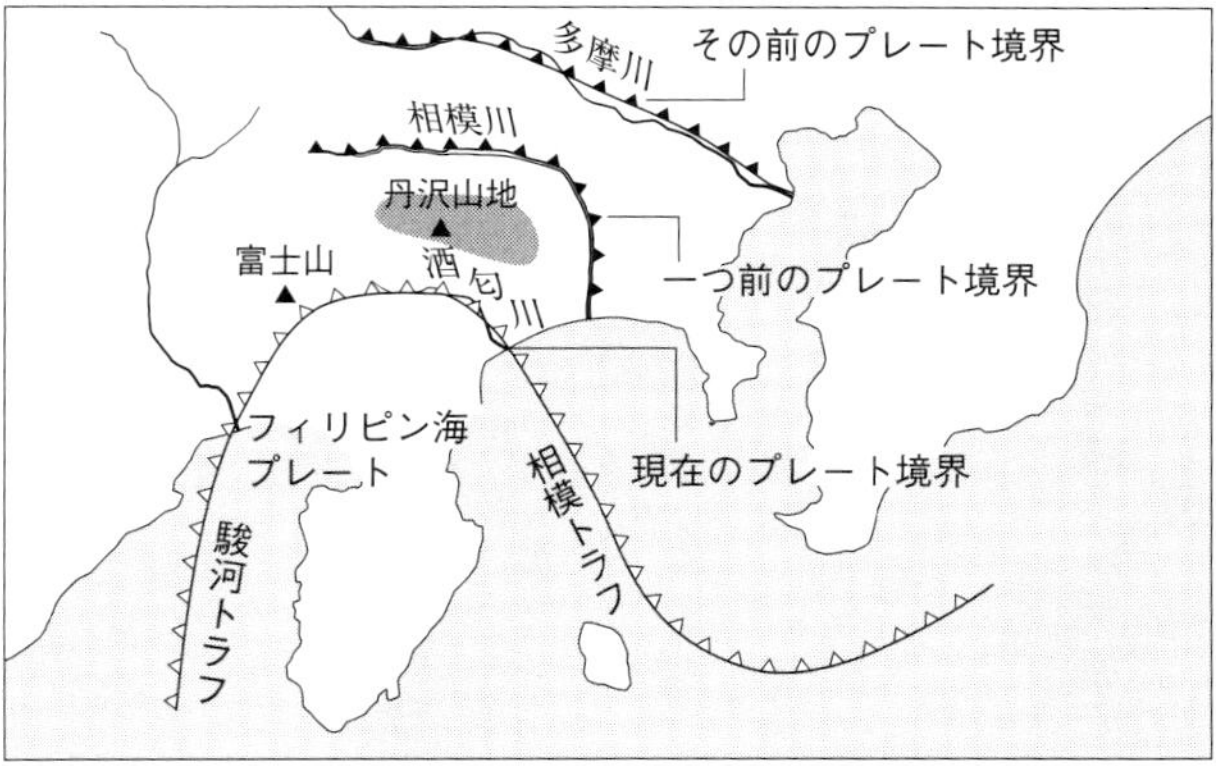

図4－6　フィリピン海プレートの境界を流れる川
３本の川の流路が、プレート境界の変遷を物語っている

の名残なのです。最初にプレートは多摩川のところまで進み、そこで北上を食い止められ、陸に付加体をつくって沈み込みました。この付加体のため、プレートはその後、多摩川より手前までしか進めなくなり、そこでまた付加体をつくって沈み込みました。それが相模川の流路です。そして現在、フィリピン海プレートと北米プレートの境界線は、まさに酒匂川の流路の下にあるのです。三つの川はプレート境界の変遷を表しているというわけです。

　実はこのような衝突現象は、日本にはたくさんあります。ただし多くの場合は、島弧ではなく海山や海台が日本列島に衝突したものです。

　千島海溝と日本海溝の会合点には襟裳《えりも》海山がぶつかっているために、二つの海溝は折れ曲がっていると考えられています。それ以前にはカデ海山という海山が沈み込んでいて、その痕跡が襟裳岬と襟裳海山の間の地形的な高まりに見られます。また、琉球海溝と南海トラフでは、九州―パラオ海嶺が衝突しているために陸上の地質帯はここで曲げられています。しかし、島弧の衝突という大規模な現象は、日本では伊豆・小笠原弧にしかありません。

世界で唯一の海溝三重点

南部フォッサマグナの稀有な特徴は、海を見ても明らかです。その南の延長にある相模湾と駿河湾には、酒匂川とともにフィリピン海プレートの境界をなす相模トラフと駿河トラフが走っています（南海トラフの延長）。日本の湾の中ではこの二つの湾が富山湾とともに水深がきわめて深く、三つの湾はいずれもフォッサマグナに関連した地域にあります。相模湾には丹沢からの、駿河湾には富士川からの堆積物がなだれ込んでいて、どちらも最大4000mもの厚さになっています。

相模湾の水深は最大で1500mを超えます。その中央をフィリピン海プレートと北米プレートの境界である相模トラフが走っています。ただし、現在のフィリピン海プレートは北北西の方向に動いているため、相模トラフに沿ったプレートの沈み込みは起こっておらず、沈み込みは主として房総半島南の相模トラフの一部である相鴨《そうおう》トラフのみで起こっていると考えられます。

地層中の古地磁気のデータからは、相模トラフの方向はもともと、南海トラフから日本海溝へと続く北東―南西方向だったのが、伊豆・小笠原弧が本州へ衝突して本州側へ押し込むごとに曲げられて、現在のような北北西―南南東へと回転したことがわかっています。

駿河湾は急峻な傾斜をもつ湾で、中央部に駿河トラフが走っています。フィリピン海プレートと北米プレートはここで直接に接していて、ところどころでゴージ（峡谷）を形成していま す。駿河トラフが南海トラフと交わるあたりでは、水深３６００mを超える広い平坦面を形成しています。

ところで、前にも述べたように、相模湾の南東の延長部、房総半島の南東沖には、北米プレート、フィリピン海プレート、太平洋プレートの三つのプレートが一点で交わる房総沖海溝三重点があります（図４‐７）。実はこれは現在の地球上では唯一の海溝三重点です。

海底地形図で見ると、房総沖には一辺約１００㎞の巨大な三角形の凹地があり、その中心付近にはさらに凹みがあります。これが三つのプレートが沈み込みあう特異なプレート境界、海溝三重点です。房総沖海溝三重点はおよそ15Ma以降に、ほぼ現在の位置の周辺にあったと思わ

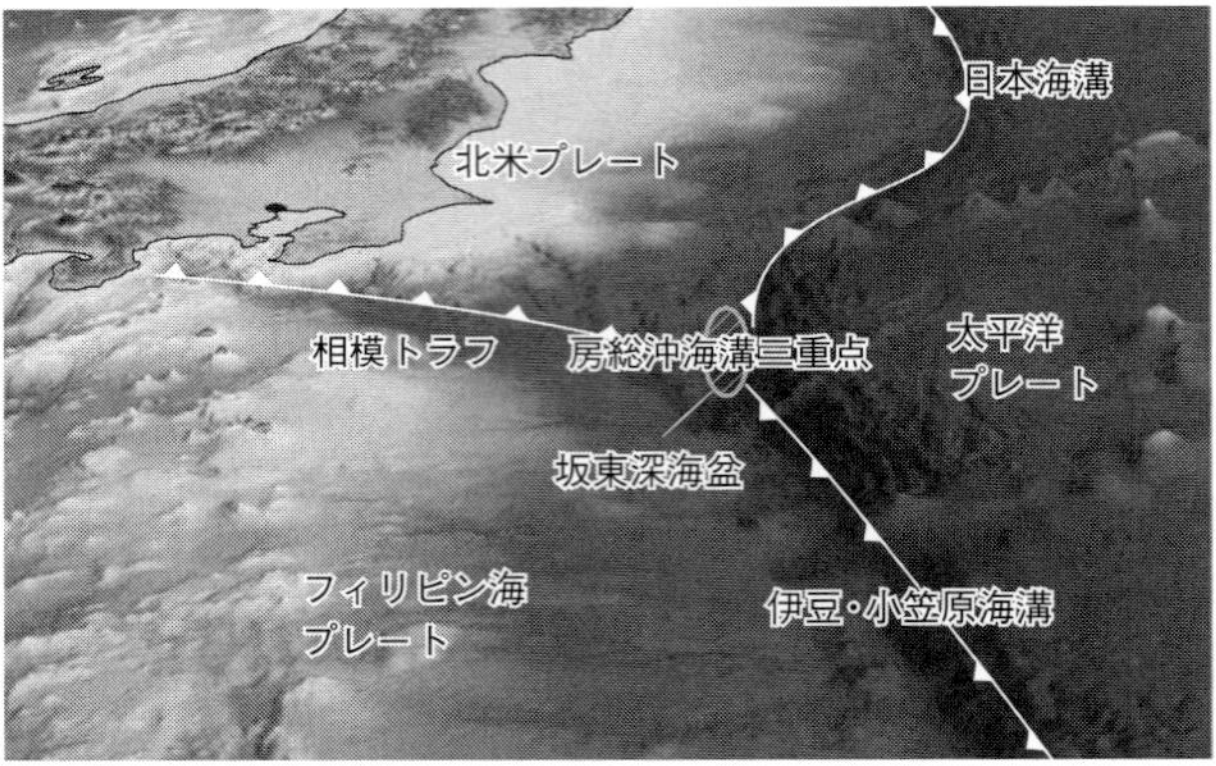

図4－7　房総沖海溝三重点
世界で唯一の、３つの海溝が交わる点

れます。その水深は９２００ｍもあり、エベレストをすっぽり沈めてもまだ３００ｍほど余裕がある深さです。その周囲には広大な平坦面が広がっていて「坂東深海盆」と呼ばれています。関東地域の陸上で削剥された堆積物は、最終的にはすべてここに運ばれて堆積しているのです。

のちほどくわしく述べるように、日本のフォッサマグナは、実は世界でも唯一といえる、ほかに例のない地形です。そのことと、フォッサマグナ地域からほど近いところに世界唯一の海溝三重点が存在していることは、無関係な偶然なのでしょうか。それとも何か意味があるのでしょうか。このきわめて興味深いテーマには、本書の終盤で挑んでみようと思っています。

さて、第３章と本章で、海からフォッサマグナを見ていきました。みなさんの頭の中にもこの怪物の全体像がある程度は描かれてきているのではないかと思います。

ここで少し、「フォッサマグナとは何か」ということについて、あらためて整理をしておきたいと思います。ナウマンは「巨大な地溝」という意味をこめて、そう命名したのでした。しかし、ここまで見てきたように、北部フォッサマグナではたしかに日本海の拡大、すなわち大地が断裂することによってリフトができて、巨大地溝となったわけですが、南部フォッサマグナでは、伊豆・小笠原弧の衝突によって膨大な付加体が押しつけられた、つまり陸地が増えたのです。

したがって、フォッサマグナの形成とは、単純に巨大な溝ができたということではなく、北部では大地を削り、南部では大地を足すというまったく逆の現象が、きわめて大規模に、かつ、15Maというほとんど同時期に同じ場所で起きたことで、現在あるフォッサマグナの姿ができあがったということになります。これは地球科学的に見ると、かなりよくできた偶然ではないかと思われるのです。

本書で追いかけていく「フォッサマグナはどうしてできたのか」という問いは、そこまでも見据えて考える必要がありそうです。

オオグチボヤはなぜ日本列島の両側で見つかるのか

ところで、相模湾や駿河湾の話が出たところで、少し余談をしてみたいと思います。三大深海湾と呼ばれることもある相模湾と駿河湾、そして日本海側の富山湾は、フォッサマグナが形成された頃にはつながっていたようです。そのため、日本の中部地方で棲息する生物については興味深い事例があります。

まず、岐阜県の瑞浪《みずなみ》層群では、熱帯的な生物の化石がたくさん見つかっています。このことから、中部地方のいまは海のないところにも、黒潮のような温かい海水が流れていたのだろうと推定されています。

海底に付着する生物に、ユーモラスな形をしていて子どもに人気があるオオグチボヤというホヤの仲間がいます。これは現在、富山湾と相模湾で棲息が知られています。なぜ日本列島をまたいでこの2つの湾で見られるのかが不思議な気がしますが、それにはこうした理由があるのです。オオグチボヤはもしかしたら駿河湾の深海からも見つかるかもしれません。

また、深海ザメの一種には、駿河湾と相模湾で棲息が知られているものがあります。もしかしたらこのサメは、富山湾からも見つかるかもしれません。

これら深海湾に特徴的な生物の祖先が共通であるとしたら、その後、フォッサマグナが陸地となって閉じてしまってから、それぞれの場所での生物の進化にどのような違いがあって現在に至っているのか、実に興味深いところです。こうしたことをテーマにした生物の調査ができれば面白いと思うのですが──。水族館や博物館の人たちとフォッサマグナについて議論をしていて、ふと出てきた話でした。

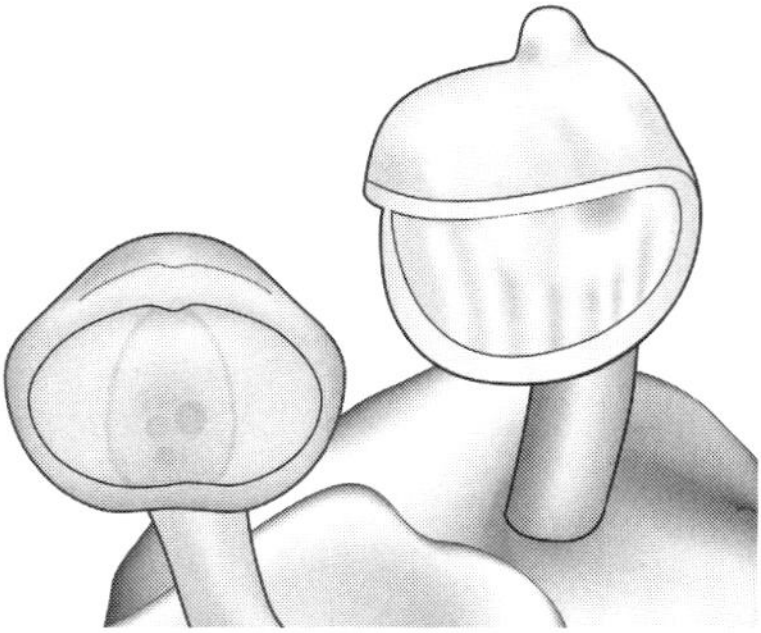

図4－8　オオグチボヤ

Column

フォッサマグナに会える場所
⑤ 伊豆半島ジオパーク

伊豆・小笠原弧の衝突にともなう、南部フォッサマグナでのさまざまな現象を見るのに最適なのが伊豆半島ジオパークです。伊豆半島全体と、その北の箱根との境界までが含まれるという広大さで、行政の中心は伊東市（静岡県）、本拠は修善寺にあります。

その地質学的な「売り」はやはり、フィリピン海プレートに乗って南からきた伊豆・小笠原弧の火山島です。伊豆大島よりも大きいものもある数々の火山島は、火山活動の様相も東西南北でさまざまで、その多様性に対応して、伊豆半島ジオパークでは興味深い露頭や地形がたくさん見られます。

たとえば、伊豆半島では明治時代まで金の鉱山が存在し、稼働していました。代表的な金山である土肥《とい》金山は、佐渡金山に次ぐ生産量を誇っていたようです。伊豆で金が豊富に採れるのは、マグマによってできた熱水が岩石の割れ目に入り込み、そこに融けこんだ金が、熱水が冷えると沈殿して鉱脈となったためです。土肥金山も伊豆半島ジオパークに入っています。

また、西海岸には放射状の柱状節理があります。柱状節理とは岩石の中にマグマが入り込んで収縮し、柱状になったもので、しばしば安定した形状である六角柱になります。なかには、六角柱が何本も連なったようになっているところもあります。とくに浄蓮の滝にはよく発達した柱状節理があります。

そのほか、1回の噴火だけでできあがった、大室山のようなかわいらしい単成火山があったり、一碧湖のように噴火口に水がたまったものや、溶岩公園というところには大きなポットホール（硬い岩盤の割れ目などの弱いところが浸食されてまるい穴があいたもの）があったりと、火山や波の浸食がつくりだした非常にバラエティに富んだ地形があり、車で移動すれば短い時間で観察することができます。

もちろん、火山につきものの温泉もいたるところにありますので、観光地としての雰囲気も十分に味わうことができます。

伊豆半島北西部にある葛城山。20～10Maの海底火山の火道（マグマの通り道）が残ったもので、頂上からは伊豆半島ジオパークの全体が見渡せる

第5章 世界にフォッサマグナはあるか

フォッサマグナの特異さとは何か

ここまで、南北フォッサマグナの地層からそれぞれの地形の発達史を見たあと、そのような地形がどのようにしてできたのかを、日本海やフィリピン海とのかかわりを通して見てきました。北部フォッサマグナをつくった日本海の拡大については謎は残るものの、これで大まかには、フォッサマグナの成因について語られたといえなくもありません。実際、フォッサマグナの解説書でも、ここまでで説明を終えているものが多いようです。

しかし私には、日本海の拡大と伊豆・小笠原弧の衝突だけでは、フォッサマグナができるための必要条件にはなっていても、十分条件までは満たしていないように思われてなりません。つまり、このような条件があればフォッサマグナができるかもしれないけれど、かと言って、これだけでフォッサマグナができるとも思えないのです。

ナウマンはフォッサマグナを発見した当時、この地形は世界でここにしかない稀有な構造と言っています。私の知るかぎりでも、このような名前（「大きな溝」の意）を冠した地質構造はほかにはありません。フォッサマグナは世界でも特異な地形なのです。

フォッサマグナがなぜ特異な地形なのか、もう少し考えてみると、ナウマンが最初に感じたのはもちろんフォッサマグナの「深さ」ではなかったはずです。地下６０００m以上もの地溝が埋まっているとは、いかな天才地質学者でも気づきようがありません。では、ナウマンは何をもって世界に稀有な構造と直観したのかといえば、それは序章でも述べたように、平坦な台地の向こうに、いきなり２０００m以上の山々が壁のように屹立している、その「落差」の大きさにだったのでしょう。落差こそがフォッサマグナを世界に無二の地形にしているのです。

では、そのような落差はなぜもたらされたのでしょうか。それは、北部フォッサマグナにあたる場所が日本海の拡大によって深海に陥没したとき、地質学的な時間でいえばほぼ同時に、伊豆・小笠原弧がたまたまそこに衝突し、陥没を埋めたばかりか、さらに激しく大地を隆起させて南部フォッサマグナをつくったからではないかと思われるのです。つまり、陥没と隆起が絶妙なタイミングで起こることが、フォッサマグナ形成の必要条件だったのではないかと。もしそうだとすれば、そのような巡りあわせを生んだものはいったい何だったのでしょうか。

つい思索ばかりが先走ってしまいました。これから「地質探偵」がなすべきことは、下手な考えはやめて、世界にはフォッサマグナのような地形は本当にないのかを見て回ることだろうと思います。そこを見きわめて考える材料を仕入れたうえで、もう一度、チェアに戻ってくることにしましょう。

海溝三重点をにらみながら

「世界にフォッサマグナはあるのか」。いま私は簡単に言いましたが、そのような観点はこれまでのフォッサマグナの書物で見たことがありません。正直、かなりの難題です。

そこで、いわば道しるべの代わりとして、やはり世界唯一の地形とされている海溝三重点をときどき横目でにらみながら歩いていこうと思います。それがフォッサマグナとどんな関係があるのか、と聞かれても私にもはっきりとは答えられないのですが、どうも気になる存在だからです。

ここで海溝三重点について、もう少しくわしく紹介しておきましょう。

プレートが複数接している場所についてあらためて考えてみると、2枚が接していれば当然、「線」になり、多くの場合は一方が他方に沈み込んで、一つの海溝になります。「点」ができるのは、3枚以上のプレートが1点で接している場合です。ただし4枚以上のプレートが接しているところは、地球上にはありません。

プレートテクトニクスが提唱されてすぐに、ダン・マッケンジー（1942〜）とジェイソン・モーガン（1935〜）はプレートが三つ会合する「三重点」について考察しています。

三重点には、海嶺（Ridge）、トランスフォーム断層（Fracture）、海溝（Trench）の組みあわせによってさまざまな種類のものがあります。それぞれの頭文字をとって、たとえば三つの海嶺の組みあわせならばR－R－R、二つの海嶺とトランスフォーム断層の組みあわせならばR－R－Fなどと表したりしています。

マッケンジーらによれば、三重点として考えられるものは世界に16個あるそうです。インド洋の南西部のモーリシャス島の東には、R－R－Rの三重点があります。南西インド洋海嶺、南東インド洋海嶺そして中央インド洋海嶺が交わる「ロドリゲス三重点」と呼ばれる地点です。また、南米チリ沖にはR－T－Fの三重点があります。南極プレートとナスカプレートをつくった海嶺と、チリ海溝、そしてトランスフォーム断層が交わる「チリ三重点」です。そして日本の房総半島沖には、世界で唯一とされるT－T－Tの「房総沖海溝三重点」（日本海溝、伊豆・小笠原海溝、相模トラフの交点）があるわけです（図５－１）。現在の地球上では、この三つの三重点がよく知られています。

三重点は三つのプレートの運動の速度によって、安定であったり不安定であったりします。マッケンジーとモーガンはその安定性についても議論していて、いずれにしても、時間が経てば三重点は分解してしまうことがわかっています。

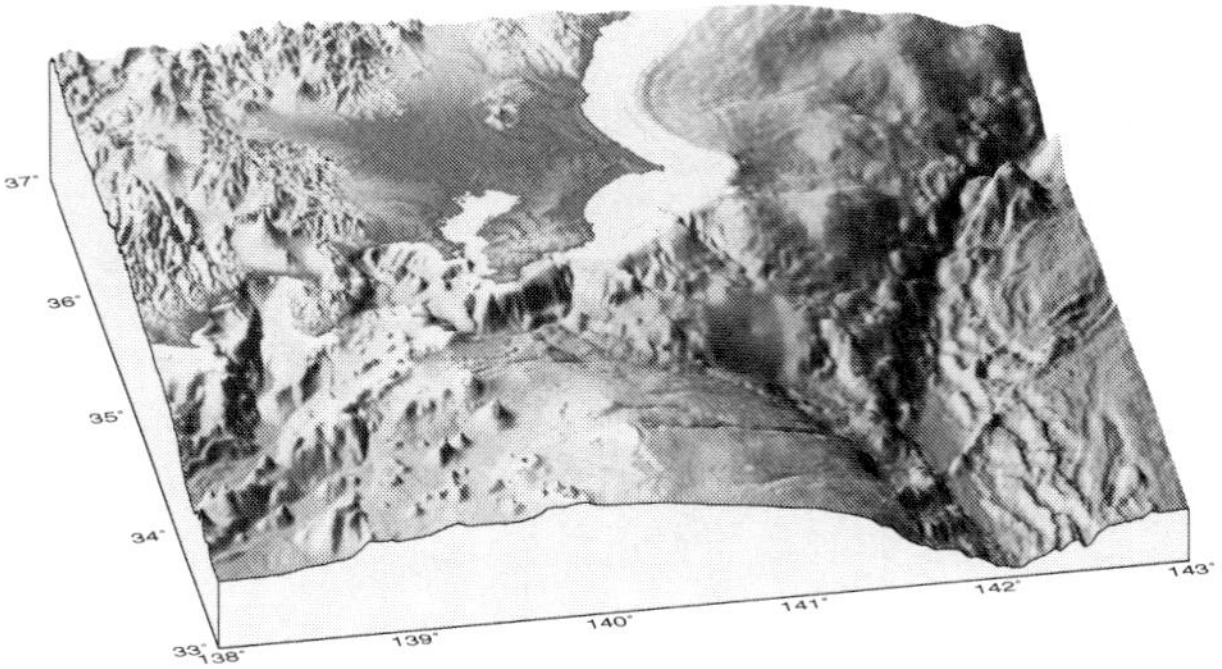

図5－1　海溝三重点の海底地形
3枚のプレートが3つの海溝をつくって1点で交わり（右下）、沈み込みあっている（日本列島はデフォルメしてある）

海溝三重点とフォッサマグナになんらかのつながりがあるとすれば、どちらもプレートの動きと強く関係しているということくらいでしょうか。また妄想を始めるときりがありませんので、このあたりで出発することにしましょう。

日本のフォッサマグナ候補 ①別府―島原地溝帯

「世界には――」と言いましたが、日本にだって、ほかにフォッサマグナがないとも言い切れません。まずは日本でほかにフォッサマグナかもしれない場所を探して、検討するところから始めましょう。

九州には阿蘇火山の近くに、別府―島原地溝帯と呼ばれる大きな地溝帯があります（図5－2）。これは四国の佐多岬から佐賀関半島へと連なる中央構造線と並行して、その北側に分布しています。この地溝帯の中には阿蘇火山と雲仙火山があり、これらはフィリピン海プレートの沈み込みによってできたと考えられています。フォッサマグナにも八ヶ岳や富士山などの火山があって、太平洋プレートの沈み込みでできたと考えられています。状況としては、似ているといえるでしょう。

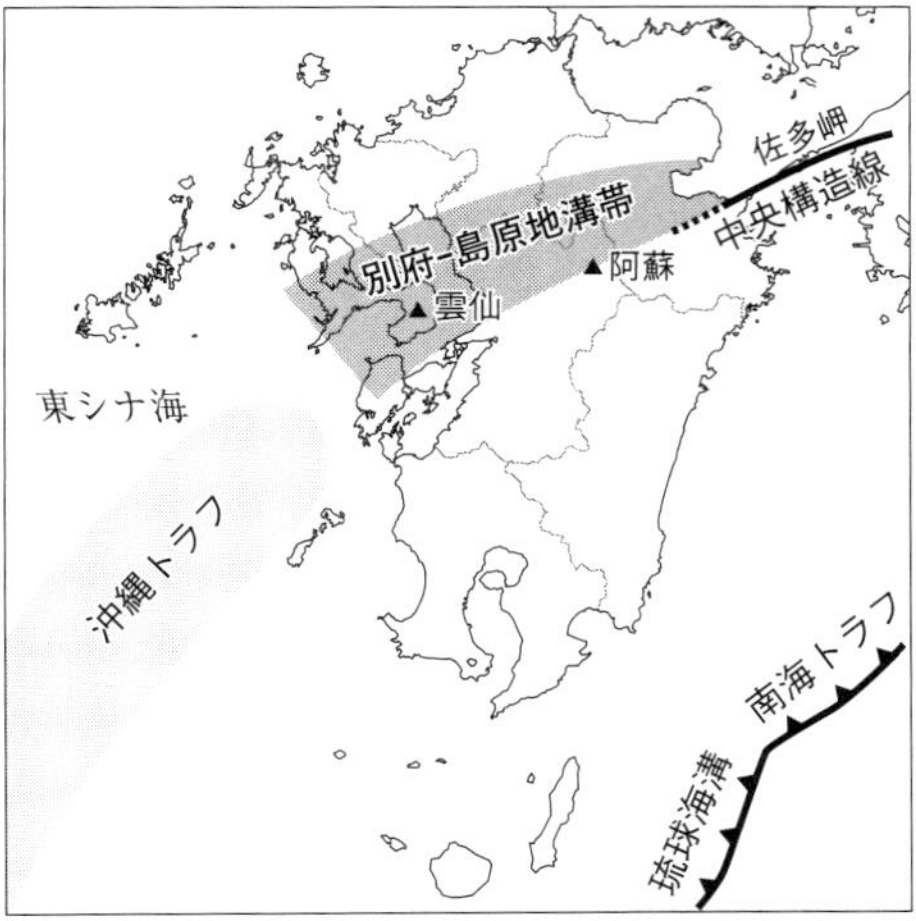

図５－２　別府―島原地溝帯
雲仙岳の背後には、背弧ができなかった

別府―島原地溝帯も、いま阿蘇火山が存在する場所はすでに溝が埋められたあとかもしれません。もともとの深さが知りたいところです。もしも６０００ｍほどもあればフォッサマグナである可能性はありますが、残念ながらいまのところ、それはわかりません。ただし、深いというのは必要条件ではありません。

フォッサマグナかどうかを見きわめる一つの目安は、背弧拡大によってできた背弧海盆があるかどうかでしょう。「本家」のフォッサマグナの場合は、マグマの上昇によって日本海という背弧が拡大したことが、北部フォッサマグナ形成へと向かわせました。それを別府―島原地溝帯にあてはめれば、海に近い島弧火山である雲仙岳の背後（中国側）あたりで背弧が拡大したということになります。しかし、雲仙岳の背後には、背弧海盆はできていません。水深の浅い東シナ海はありますが、背弧拡大でできたかどうかはわかっていません。

ただし東シナ海の南の延長には、水深が深い沖縄トラフがあります。この場合の「トラフ」は海溝ではなく、拡大している海盆を意味しています（海底地形の言葉はややこしいです）。したがって、もし日本海と沖縄トラフがつながっていて、一つの背弧であったとすれば、フォッサマグナができた可能性があると思われます。しかし、日本海は朝鮮半島で区切られていて、その拡大は東シナ海にまでは及ばなかったようです。

日本海を拡大させたマグマがなぜ、ここを開けなかったのかはまったく考えの及ばないところですが、以上の検討から別府―島原地溝帯が第二のフォッサマグナである可能性は低いと判定します。

日本のフォッサマグナ候補 ②北薩の屈曲

第4章で見てきたように、フィリピン海の真ん中には九州―パラオ海嶺があります。この海嶺は北端の九州で日本列島にぶつかっていて、南端はパラオ諸島北端のバベルダオブ島につながります。つまり、名前の通り、九州とパラオを結ぶ海底の山脈です。そして、これも第4章で述べたように、この海底山脈は、かつては伊豆・小笠原弧と一体でした。その九州―パラオ海嶺と、琉球弧（琉球海溝）、そして西南日本弧（南海トラフ）の三つの島弧が会合している三重点があります。海溝三重点とは惜しくも異なりますが、ここはフォッサマグナにはならないのでしょうか。

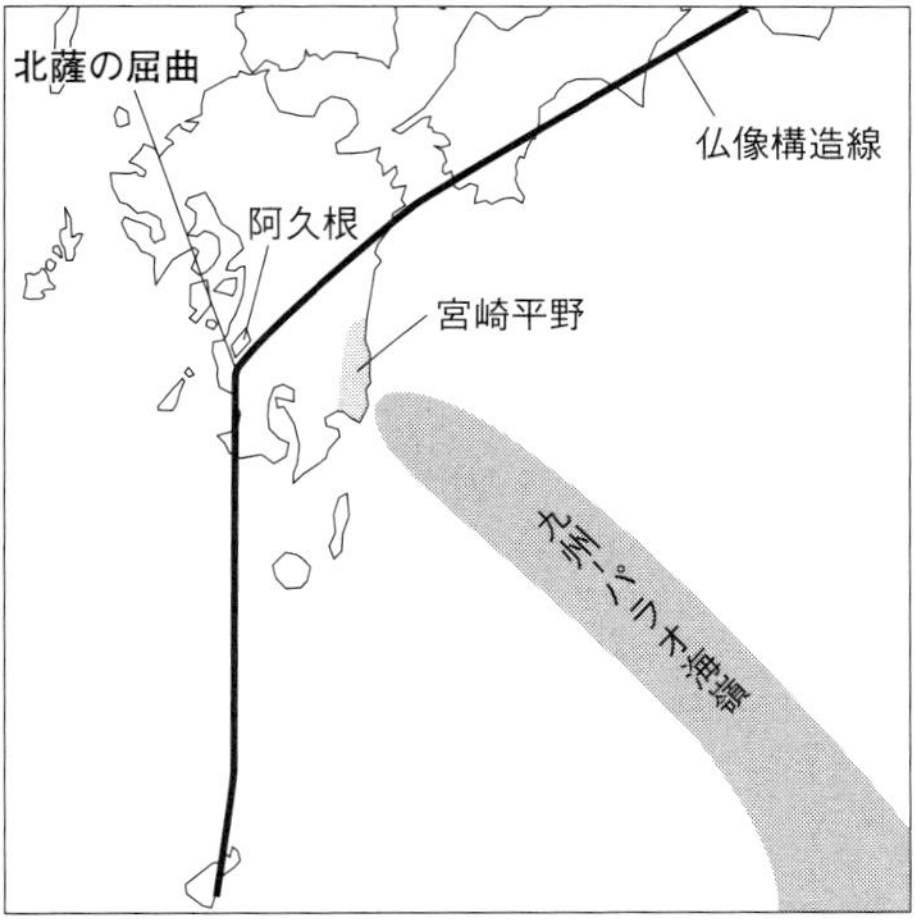

図5－3　北薩の屈曲
想像はかき立てられるものの、いまだデータ不足

　この三重点のあたりの陸上には「北薩《ほくさつ》の屈曲《くっきょく》」と呼ばれる、大きな地質構造の屈曲があります（図5－3）。鹿児島県の阿久根市の近くです。四国から東西方向につな

がる仏像構造線（中央構造線の南にある大きな構造線）が、ここで南西に向きを変えるのです。東西性の西南日本弧が大きく屈曲して、南北性の琉球弧へつながっていくということです。日本列島がフォッサマグナで「逆くの字」を描いているのを思い出させます。

しかも、ここで九州―パラオ海嶺が沈み込んでいるのですが、その前面にあたる宮崎平野が、第四紀に急激に隆起しているのです。この沈み込みは、一種の衝突と考えてもいいのではないかと思います。これは伊豆・小笠原弧を連想させます。

しかし「北薩の屈曲」の地質構造はきわめて複雑な様相を呈しているために、まだ地質学者はくわしく解明できていない状況です。ましてや、フォッサマグナとの類似性などには言及されていません。もう少し資料などをそろえて考え直してみたいテーマではあります。

その際には、別府―島原地溝帯と「北薩の屈曲」とを組み合わせた構造を考えてみれば面白いかもしれません。北薩の位置が少しずれれば両者は、北部フォッサマグナと曲げられた2つの島弧に相当する組み合わせになるかもしれません。北九州側と南九州側とが、違う方向に回転した（観音開き）という考えもありうるのではないでしょうか。というわけで判定は、フォッサマグナである可能性はあるものの、まだ議論する段階に至っていない、とします。

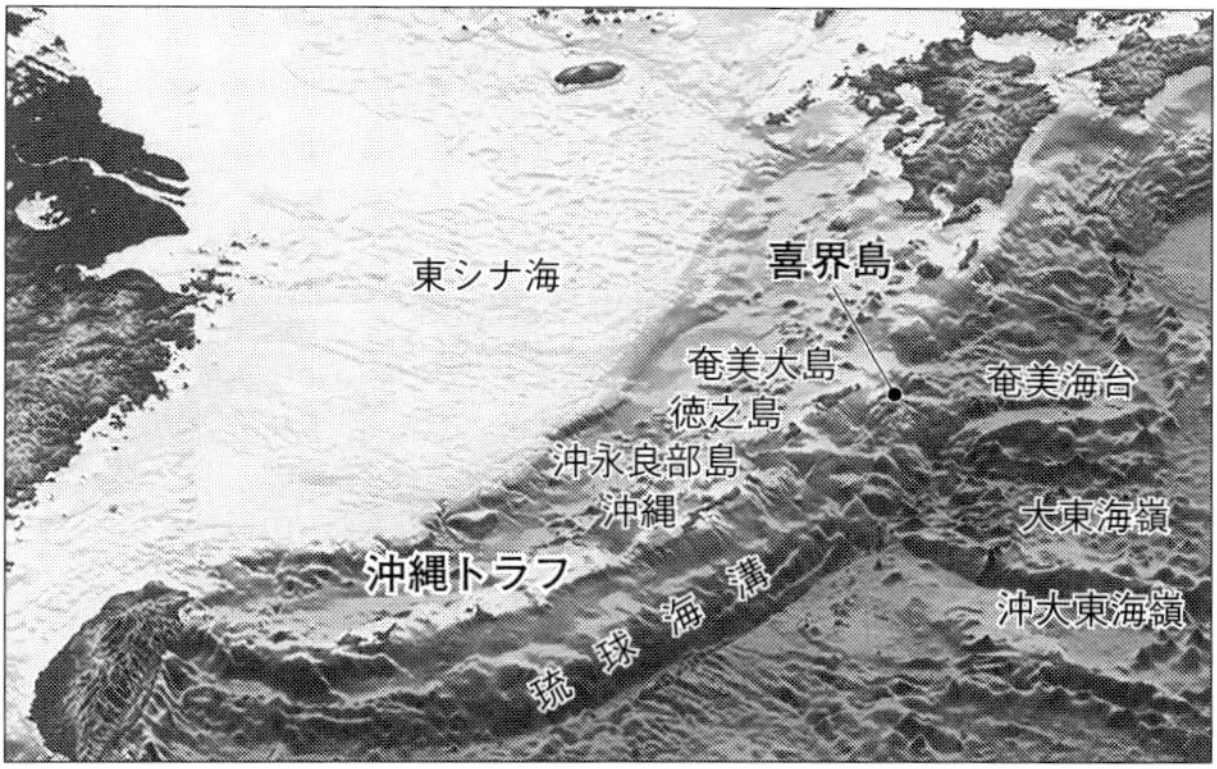

図5－4　琉球弧の前弧
島弧が衝突するタイミングが早すぎた

日本のフォッサマグナ候補 ③琉球弧の前弧

沖縄県の琉球弧―海溝系では、奄美大島の東で奄美海台が、その南では大東海嶺と沖大東海嶺が衝突しています。いずれも白亜紀から古第三紀の古い海台、古い島弧です。これらが沈み込めずに衝突したことで、海溝の陸側（背弧の反対側で、「前弧」といいます）の島が急速に上昇していま す。喜界島《きかいじま》です（図5－4）。この島は中米カリブ海のバルバドス島と同様に、段丘の発達が著しいことからわかるように、世界で最も速い隆起が起きた場所の一つで、現在も隆起を続けているのです。このような衝突部には、フォッサマグナはできないものでしょうか。

結論としては、残念ながら現在のところ、その可能性は考えられません。なぜフォッサマグナができなかったのかといえば、沖縄トラフ（海盆です）がまだ拡大しないうちに、別の島弧や海台が衝突してしまったからではないかと想像しています。同じような場所としては、伊豆・小笠原弧とマリアナ弧との接合部に海から小笠原海台という大きな海台がぶつかっているところがありますが、ここも同様の理由で、フォッサマグナにならなかったのだろうと思います。

やはりフォッサマグナができるには、「本家」のように、日本海の拡大と伊豆・小笠原弧の衝突がほぼ同時期に起こることが必要なのだろうと考えさせられます。

日本のフォッサマグナ候補　④千島・日本海溝会合点

千島海溝と日本海溝はいずれも、太平洋プレートが北米プレートに沈み込むことで形成されています。２つの海溝の会合点には、襟裳海山が差しかかっていて、その先、つまり日本列島寄りには、沈み込んだカデ海山があります。北海道はこのプレートの沈み込みによって、東西のブロックが中央の日高山脈で衝突してできたとも考えられています。

また、かつては古日高海溝というものがあって、北海道の東側がオホーツクプレートに乗ってやってきて西側へ乗り上げたとも考えられています。日高山脈の地層の中には、東側が乗り上げた構造（イドンナップ帯）があることが知られていて、地震探査でもそのような構造が地下深部に認められています。また、アポイヌプリという橄欖《かんらん》岩でできた山は、マントルが乗り上げて、マントルをつくる橄欖岩が地表に出てきたものと解釈されています。

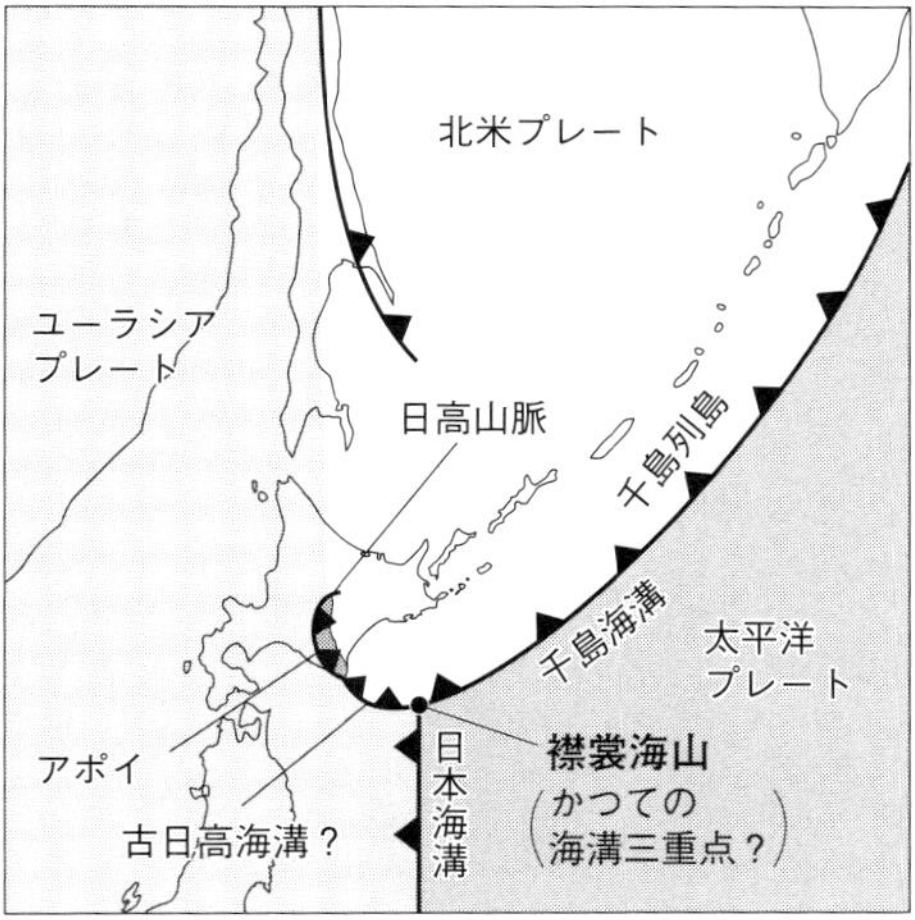

図5－5　千島・日本海溝会合点
かつては海溝三重点だったが「火の気」がない

　そうすると、ここにはかつてT－T－T（千島海溝、日本海溝、古日高海溝）の海溝三重点があったことになります（図5－5）。だとすれば、これは有力な候補かもしれません。

　しかし、ここにもフォッサマグナに匹敵するほどの地形はなさそうです。その理由は、房総沖と違って、付近に「火の気」がまったくない――つまり、地下からのマントルの融解やホットプルームの上昇がもたらすマグマの噴出がないのです。

　どうも、かつて海溝三重点があったとい

うだけでは、フォッサマグナはできないようです。

私が思いつく日本のフォッサマグナ候補は以上です。結論としては、まだ調査が進んでいない面もありますが、いずれもフォッサマグナの条件を満たすにはまだ、惜しいというところまでにも至っていないと見ます。

世界のフォッサマグナ候補 ①マリアナ海溝

ではいよいよ、海外のフォッサマグナ候補を見ていきます。となればやはり、まず気になるのはマリアナ海溝でしょう。

そこには、地球上で最も深い溝であるチャレンジャー海淵があります。最新の計測では、その深さは1万920mとされています。

マリアナ海溝につながっているのがヤップ島弧―海溝系で、さらにこの会合点には南からカロリン海嶺が衝突しています。つまり、T－T－Rの三重点ということになります（図5－6）。ここははたして、フォッサマグナになりえるでしょうか。

「本家」の配置をあてはめれば、マリアナ弧を東北日本弧に、ヤップ弧を西南日本弧に、カロリン弧を伊豆・小笠原弧になぞらえることはできます。背弧海盆はこの場合にはフィリピン海

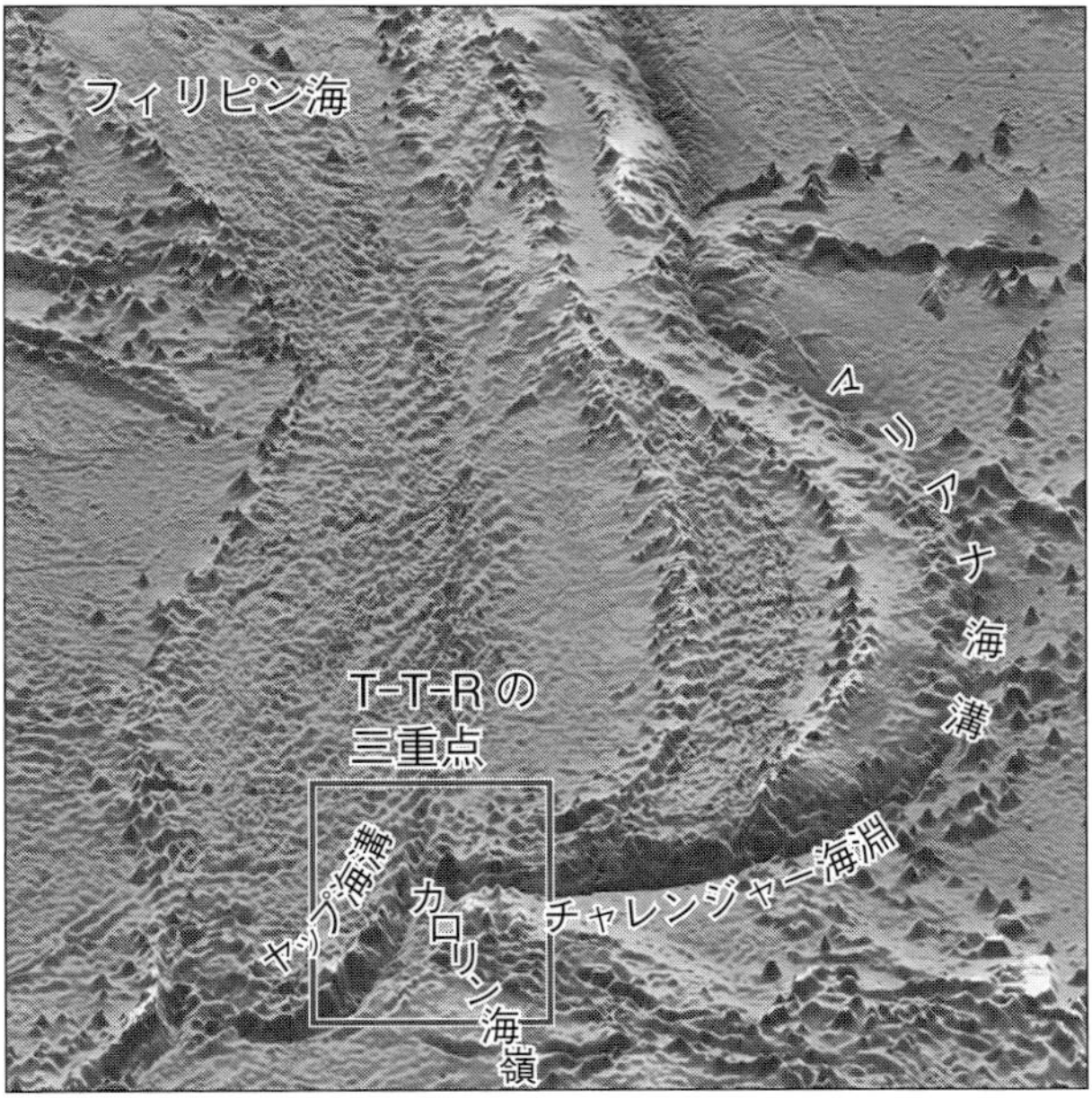

図5-6　マリアナ海溝
チャレンジャー海淵は地球上で最も深い溝だが、島弧の地殻が薄く、かつ「火の気」不足

になります。では、これでフォッサマグナができるかといえば、結論としては、難しそうです。

まずマリアナ弧ですが、これは東北日本弧のように大きな島弧ではなく、また、地殻は大変薄く、基礎的な「体力」に欠けているようです。また、ヤップ弧は島弧のようですが火山はなく、島全体がほとんど低温・高圧の変成岩でできています。やはり「火の気」がないわけです。これらの点で、マリアナ海溝はフォッサマグナとは大いに異なっています。

世界のフォッサマグナ候補 ②チリ三重点

南米アンデス山脈の西にはチリ海溝があります。そこには、前述したように、海溝とトランスフォーム断層と海嶺が1点で交わるR－T－Fのチリ三重点があります（図5－7）。この有名な三重点の可能性はどうでしょうか。

アンデス山脈は島弧としては異常に大きく、しかし背弧がないために「陸弧」と呼ばれています。基盤岩は古く、地殻は70㎞もの厚さがあります。これはヒマラヤ山脈の地殻と同じくらいです。「体力」は十分です。

海側からはトランスフォーム断層が近くまで来ています。フォッサマグナにおいても、東西

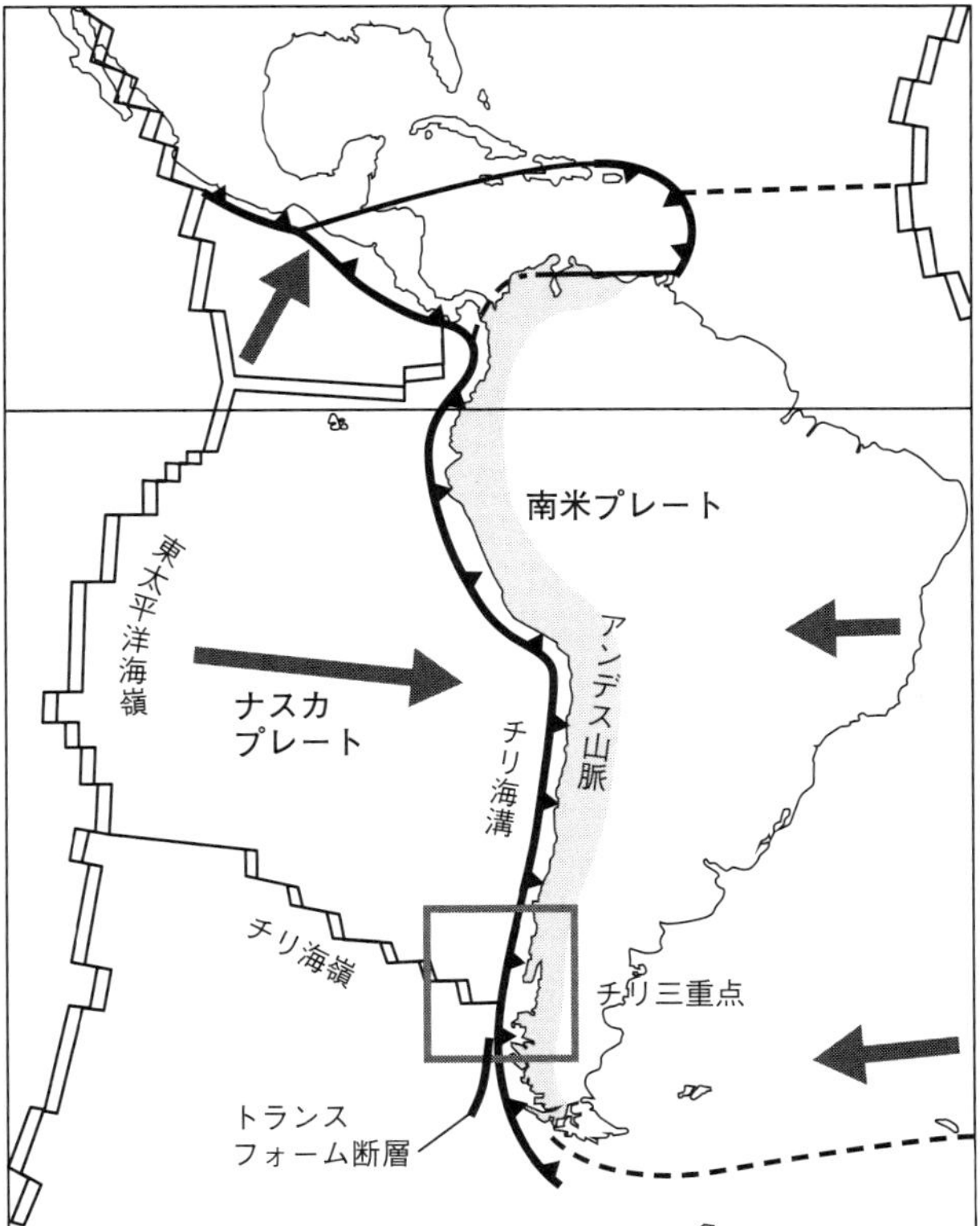

図5-7　チリ三重点
「本家」フォッサマグナの東西両端がトランスフォーム断層ならば、可能性あり。今後の研究が待たれる

の両端がトランスフォーム断層によってできたという説がありますので、それを採れば同じような配列の地形となります。

その意味では、チリ三重点はフォッサマグナである可能性を否定しきれないように思われます。最近では日本の研究者によってよく研究されてもいて、今後の課題になってくるのではないでしょうか。

世界のフォッサマグナ候補 ③東アフリカリフトゾーン

「巨大地溝」として最も有名なのは、人類の発祥の場と考えられた東アフリカリフトゾーン（東アフリカ大地溝帯）でしょう。幅35〜100km、総延長は7000kmに及ぶ巨大な地溝帯には、実は三重点が存在します。「アファー三角地帯」と呼ばれるところで、ここでは紅海、アデン湾そして東アフリカリフトを境界とする、アラビアプレート、ソマリアプレート、ヌビアプレートという3枚のプレートが1点で交わっています（図5－8）。リフトの中ではホットプルームがマグマとなって、ケニア山やキリマンジャロなど、巨大な火山をつくりだしています。「火の気」は十分です。

今後、リフトにさらなるマグマがつぎ込まれれば、やがて拡大が起こって、アフリカ大陸は

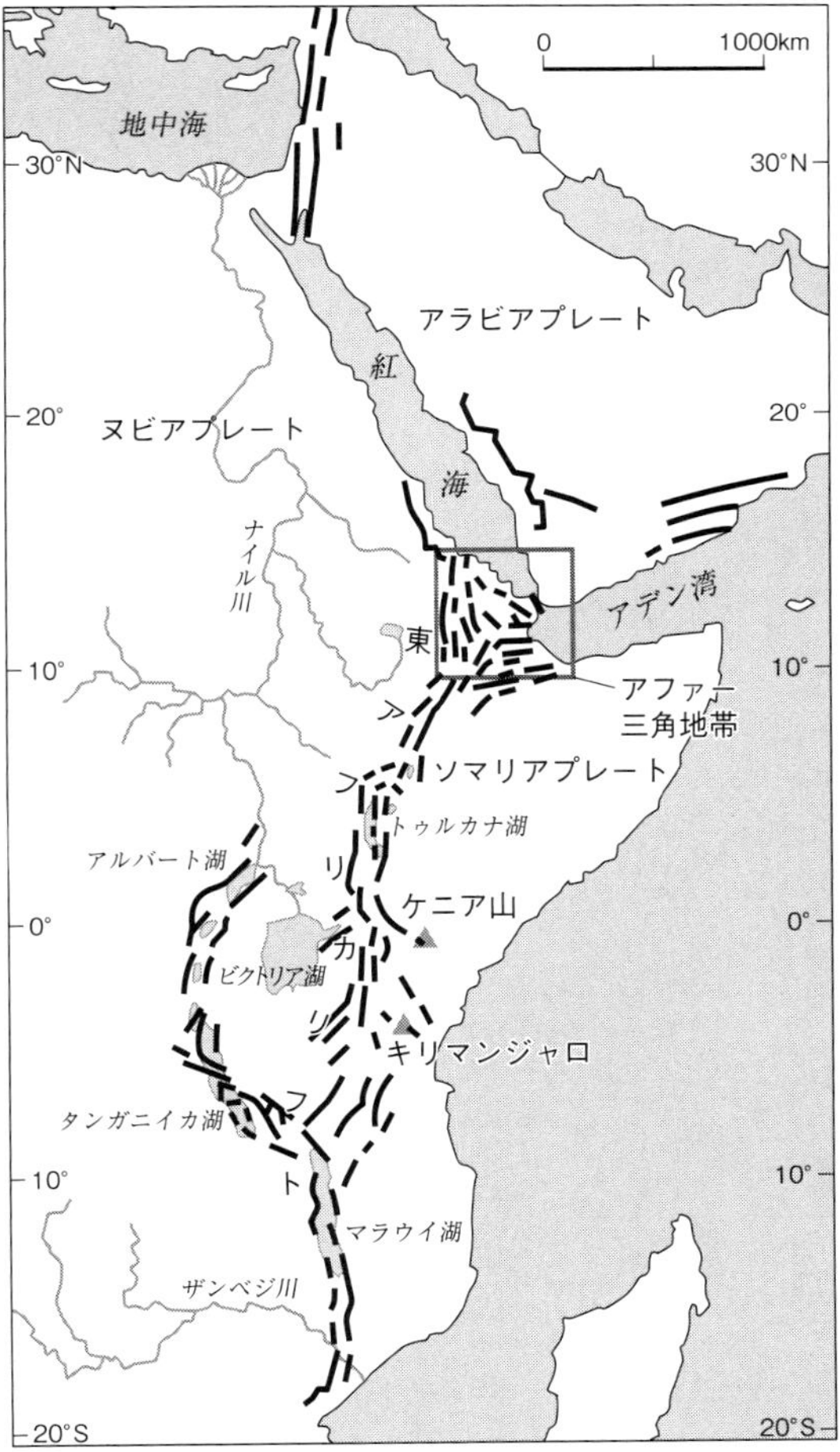

図5-8　東アフリカリフトゾーン

「火の気」がある三重点。今後、条件しだいではフォッサマグナができる可能性あり二つに分かれてしまうでしょう。もしもそのとき、そのどこかに島弧が衝突するようなことがあれば、まさにフォッサマグナができるのではないかと考えています。

世界のフォッサマグナ候補 ④ニュージーランド

南太平洋のニュージーランドはよく日本に似ているといわれます。その国土はおもに、北島と南島という二つの大きな島からなっています（図5-9上）。北島にはタラウェラなどの火山をもつタウポ地溝帯があって熱水活動が盛んで、地熱発電がおこなわれています。この地溝帯は北方にあるトンガ・ケルマデック島弧—海溝系の南の延長で、その背弧側が突っ込んでいる地域になります。北島には美しいタラウェラ火山があり、南島には富士山と似ていて同じくらいの標高のクック山を最高峰とする、氷河が発達したサザンアルプスという山岳地帯があります。

ニュージーランドは白亜紀の80Ma頃には、「ゴンドワナ」という大陸の東縁にくっついていました。ゴンドワナはオーストラリア、南極、そしてジーランディアという大陸地殻などからなる巨大な大陸でした。ジーランディアは面積が約400万㎢もあり（現在の世界最大の島グリーンランドの約2倍）、いまも海面下に存在しています。

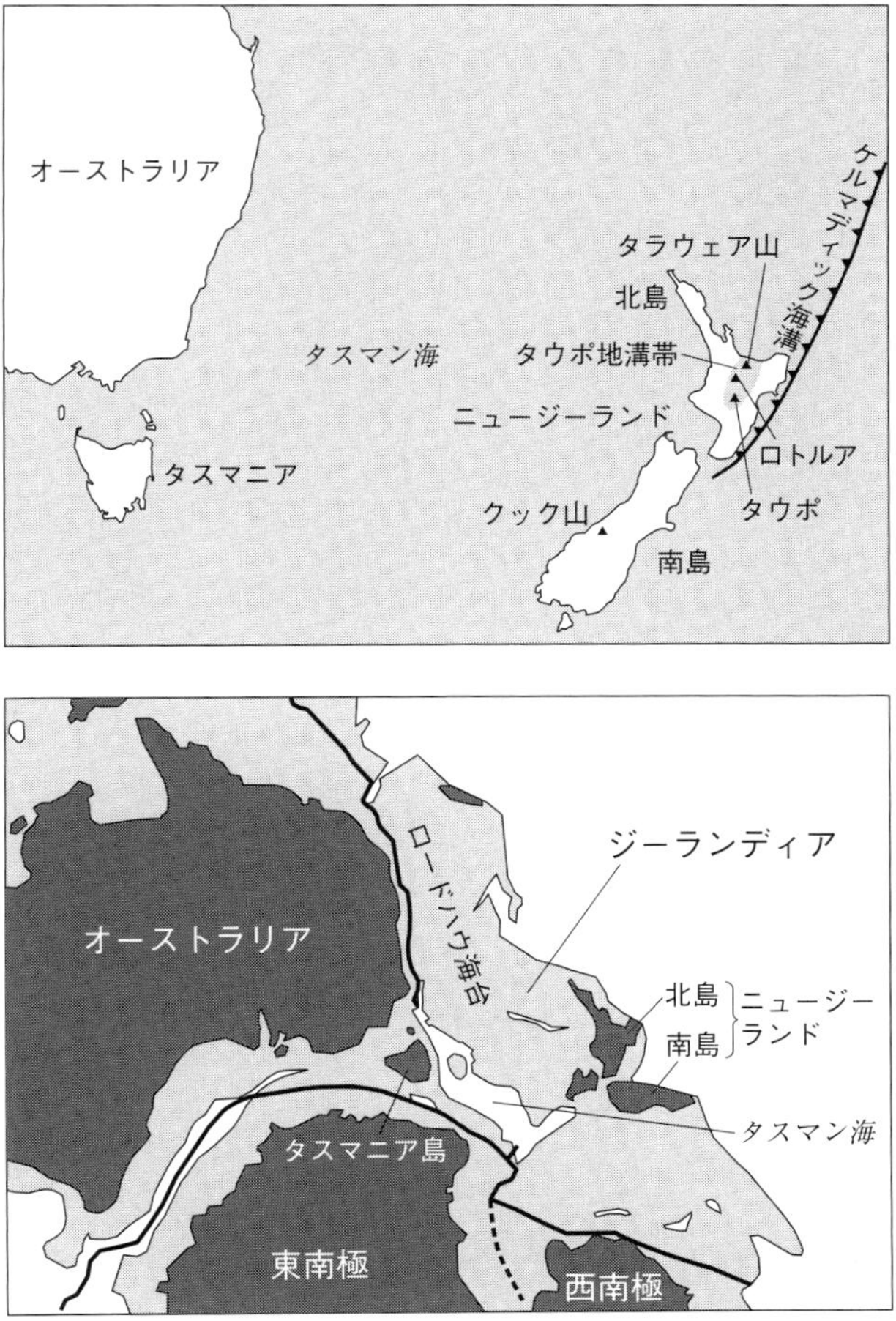

図5－9　ニュージーランドの現在（上）と80Ma頃（下）
上：タウポ地溝帯は北部フォッサマグナになっていたかもしれない
下：白亜紀にゴンドワナ大陸の東縁だったときのイメージ。現在のタスマン海は、古いタスマン海が拡大したもので、ニュージーランドはそれにともない移動した（佐野2017を改変）

そしてニュージーランドは、ジーランディアの一部であるロードハウ海台の東縁にへばりついていました。

ところが、オーストラリアとロードハウ海台の間に、小さな割れ目ができます。のちにタスマン海となる割れ目です。やがて、この古タスマン海というべき割れ目はどんどん拡大していき、現在のようなタスマン海となりました。それにともない、ニュージーランドも現在の位置に移動してきたのです。こうしたタスマン海の形成史は、日本海の形成史にそっくりです。

しかし、地質構造配列を見るかぎり、現在のニュージーランドには大きな断層などはなく、どうやらフォッサマグナはなさそうです。ジーランディアが海に没したときに、もしも大量のマグマが出ていればタウポ地溝帯は北部フォッサマグナになっていたのではないかと想像しているのですが。

世界のフォッサマグナ候補 ⑤海嶺トランスフォーム結節点

海嶺の三重点（R－R－R）は世界にいくつもあります。そして、三重点ではありませんが海嶺とトランスフォーム断層がぶつかって「T」の形になっているところもいくつもあります。これは「海嶺トランスフォーム結節点」（RTI）と呼ばれていて、海嶺の研究者には大変興味をもたれています。大西洋のように海嶺の拡大がゆっくりしているところでは、この結節点に「メガムリオン」と呼ばれる、上部マントルを構成する橄欖岩などが海底に露出している場所があることが知られています。メガムリオンは「巨大な（メガ）・格子状の岩（ムリオン）」という意味で、ブライアン・タホウキーが提唱したものです。

たとえば北緯23度のケーン断裂帯には両側にRTIがあって、水深の浅いところからはメガムリオンが露出しています。太平洋の大きなトランスフォーム断層エル・タニンにも二つのRTIがあります。世界中の海底が拡大している場所（拡大軸）をよく調べてみると、大なり小なりたくさんのRTIができています。

しかし、これらがフォッサマグナに直結するかというと、そうではないようです。フォッサマグナを形成するには少なくとも島弧をともなわなくてはなりませんが、その時点でRTIの多くは除外されてしまうからです。

フォッサマグナをつくるための必要条件とは

日本周辺と海外で、フォッサマグナができている可能性のある場所を、手がかりとして三重点にも注目しながらいくつか見てきました。その結果、いえることは「火の気」すなわち、マグマが上がってきた形跡がある場所が、意外に少ないということです（日本周辺では皆無でした）。もしフォッサマグナ形成の必要条件にマグマが上がってくることが含まれるなら、これらの地域にはフォッサマグナはできないでしょう。

ここでもう一度初心に返って、フォッサマグナができるための地形の必要条件とはいったい何かを考えてみたいと思います。

まず、大陸の縁にあることでしょう。それから、背弧海盆ができること、そこに別の島弧が衝突してくること、などでしょうか。

これが条件だとすれば、まず大洋の真ん中にある海嶺やトランスフォーム断層などでできる三重点は失格になります。また、海溝は世界に30ほどありますが、それらの会合点の背後に背弧海盆があるかどうかで絞っていくと、さらに候補は狭められます。

結局、候補として残るのは九州、東アフリカ、ニュージーランドの三重点くらいになりますが、本当にそれだけなのか、そもそも、三重点にとらわれすぎではないか、などと考えはじめると、検証するには膨大な作業（地質屋はこういう作業を「いも料理」といっています）が必要となり、この本の完成が危ぶまれます。というわけで今回の追究はこのくらいにしておきたいと思います。

当面の結論として、この地球上ではフォッサマグナは、やはり日本にあるものが「世界で唯一」と見てよさそうです。

広大な宇宙には、生命が存在することがわかっている星は現在のところ、地球しかありません。そのことに、私などは一抹の寂しさをおぼえてしまいます。いま、フォッサマグナが日本にしかなさそうなことがわかって、同じ寂しさをおぼえています。生命が宇宙に存在する可能性を探るドレイク方程式という式がありますが、そのような式がフォッサマグナにもあればいいのですが。

Column

フォッサマグナに会える場所
⑥ 箱根ジオパーク

伊豆半島ジオパークよりも北にあって、衝突した伊豆・小笠原弧の北端にあたるのが箱根ジオパークです。神奈川県西部の小田原市、箱根町、真鶴町、湯河原町、南足柄市で構成されていて、行政の中心はおもに小田原市です。なかでもサイエンスについての展示は、同市の入生田にある「生命の星・地球博物館」が中心になっています。また、博物館のすぐ横には温泉地学研究所があって、箱根火山や地震、温泉などの観測がここでおこなわれています。

このジオパークの「売り」は、第四紀に形成された箱根火山です。むかし、この火山を長年研究していた東京大学教授の久野久は、その形式を「三重式火山」と呼ばれるものと考えていました。基本となるのは中心噴火で、噴火後に陥没してカルデラが形成され、そのあとにまたマグマが出てくる、ということが繰り返されたというモデルでした。ところが最近になって、箱根はどうやら中心噴火ではなく、いくつもの火道（マグマの通り道）が散在する形での火山活動だったのではないかといわれはじめています。しかし、どちらが正しいのかを断定することは地球科学ではなかなか難しいというのが実情です。

大涌谷には温泉が湧出しており、名物の温泉卵が日本人のみならず、外国人にも人気です。

現在、箱根に噴火が起これば相当に深刻な災害になります。箱根火山の今後の動静への注意は、きわめて重要です。過去の箱根の噴火活動では、富士山と同様に、西風によって飛ばされた火山灰が関東平野に厚く堆積してローム層を形成しました。これが関東の「黒い土」の由来ともなっています。噴火活動は人間にとってもちろん脅威ですが、地層がつくられたという点では、その恩恵を被っているともいえます。

サイエンスの中心となっている「生命の星・地球博物館」では箱根火山の鉱物のほか、恐竜の化石や昆虫の標本など、地球や生命の進化に関する展示が非常に充実していて、お子さんを連れて訪ねることをおすすめします。

箱根火山の中央火口丘である駒ヶ岳を望む。手前に広がるのは芦ノ湖

第6章

〈試論〉フォッサマグナはなぜできたのか

活発になってきたフォッサマグナの議論

ナウマンが最初の地質旅行で発見して以来135年、最初に論文にして以来125年もの月日が経った2010年以降、フォッサマグナに関する議論がにわかに活発になってきました。以下に、それらの一端を項目だけあげてみます。

2011年、アメリカのマーチンは世界で唯一の海溝三重点の位置を考慮し、日本海が「二重サロンドア方式」で開闢《かいびゃく》したと述べ、その一環でフォッサマグナができたと考えました。

2014年、堤之恭《ゆきやす》は著書『絵でわかる日本列島の誕生』（講談社）の中で、フォッサマグナは西南日本と東北日本の間にある地溝で、西の境界ははっきりしているが東ははっきりしない半地溝であり、また、南北に分けられ、南部フォッサマグナは伊豆・小笠原弧の衝突でできたと述べました。

2018年に高橋雅紀は、フォッサマグナは本州中央部を南北に横断する基盤の凹みであり、諏訪湖を境に南北に分かれ、それぞれ異なった成因でできていることを述べました。南部フォッサマグナは丹沢山地や御坂山地を構成する海底火山噴出物と、関東山地などの基盤山地からの堆積物がフィリピン海プレートの北上によって付加されたものであるとし、北部フォッサマグナは日本海が拡大した20～15Maに、東北日本は反時計回りに、西南日本は時計回りに回転したことによる両者のずれだとしています。そして、その東の境界は利根川構造線であるとする見解を述べています。

フォッサマグナの成因がつまるところ、日本列島そのものの成因にもかかわる大きな謎であるとすれば、多くの研究者がフォッサマグナに関心をもち、さまざまな意見が活発に提案されるのは大いに歓迎すべきことだと思います。

本書ではここまで私は「地質探偵」よろしく、フォッサマグナの地層に始まり、日本海やフィリピン海の形成や、日本と世界のフォッサマグナ候補地までも見ながら、フォッサマグナの成因について考える材料を集めてきました。調べていくほどに、この鵺のような怪物の手強さをあらためて思い知らされてもいるのですが、そろそろ決着をつけるときが来たようです。この章では源頼政になりきって矢をつがえ、フォッサマグナはどうしてできたのかについて、勇を鼓して、自分なりの考えを述べようと思います。

さらには、この地形の特異さはいったい何によるものなのか、なぜ世界に一つしかないのか、という疑問に対しても、できるだけ明確に答えていくつもりです。

〈試論1〉日本海はプルームがつくった

かなり大胆な試論を展開する覚悟はしているのですが、それはあとのお楽しみとさせていただきましょう。まずは、これまでの仮説にある程度のっとった形で、フォッサマグナの成り立ちについての私なりの概論から述べていきます。

第3章で見てきたように、フォッサマグナの成り立ちを考えるには、日本海の形成をどう考えるかが大きくかかわっています。

そこでは、7つの説が提唱されていたわけですが、どの説を採用するかは結局、フォッサマグナをつくるのになくてはならない「火の気」を、どこに求めるかということにかかってくるのではないかと考えています。具体的には、日本海という背弧を拡大させたマグマはどこから来たのかということです。

これについては、ある時期までは多くの人が、沈み込んだプレートが持ち込んだ水分によって沈み込まれる側のマントルが融解して、マグマになったと考えていました。しかしプルームが発見された20世紀後半から、日本海を拡大させたのは、地下から上昇してマグマになり、移動している大量のプルームであるとするホットリージョンマイグレーション説が都城秋穂らによって唱えられました。そして、フィリピン海を形成する背弧拡大をもたらしたマグマについても、同様の見方があることを第4章で述べました。つまり、マグマをつくったのはマントルの融解なのか、プルームの上昇なのか、という議論です。

これについては、私は旗幟鮮明に、日本海やフィリピン海を拡大させたマグマはプルームの上昇によってもたらされたと考えたいと思っています。つまり、ホットリージョンマイグレーション説です。その理由は、のちほど述べることにします。

スーパープルームとは何か

地殻を引き裂いて背弧を拡大させるほどの大量のプルームは、正しくは「スーパープルーム」と呼ばれるものです（図6－1）。地球の内部は地下670㎞のところで、上部マントルと下部マントルに分かれています。そして地下2900㎞からは、金属からなる核になります。プルームは通常、670～2900㎞の深部に存在しています。プルームの材料となるのは、海溝から沈み込んできたプレートです。プレートは670㎞のところでいったん停滞したあと、重くなるとさらに下に沈み込んでいき、深さ2900㎞に達します。そこでプレートは、プルームと一体になります。

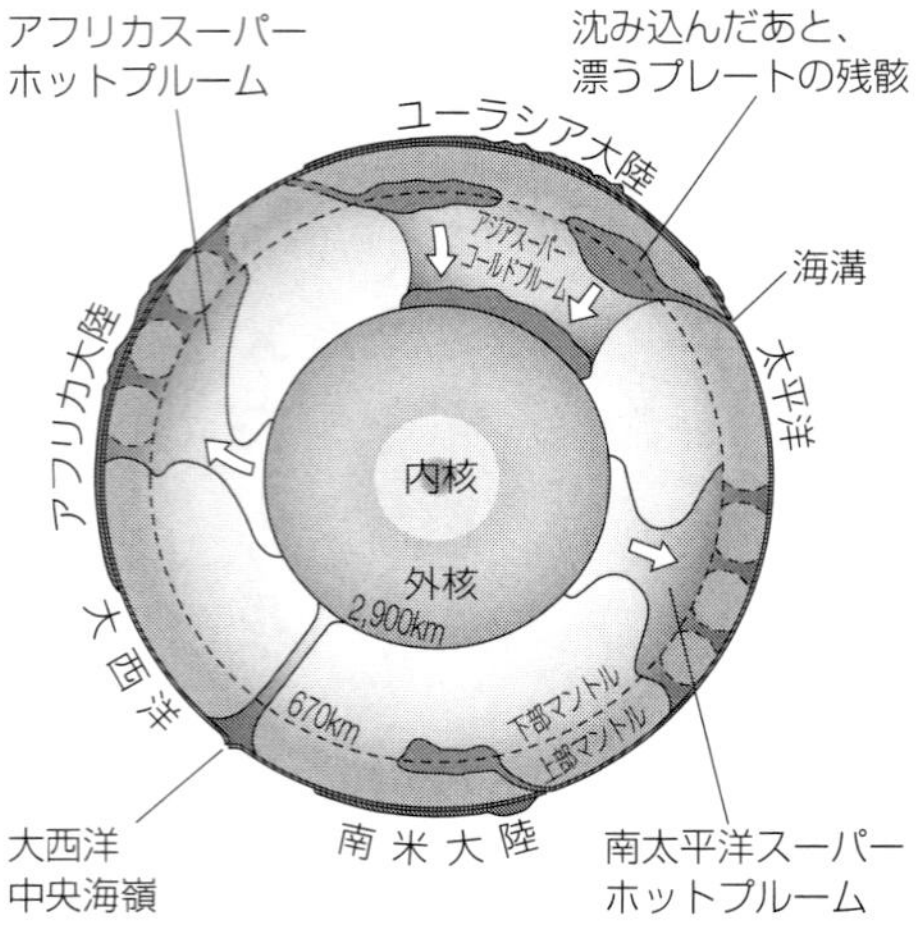

図6-1　スーパープルーム
地下670kmのラインを越えて上下動するのがスーパープルーム

地下２９００㎞のところにプレートが大量にたまると、高温のプルームが大量につくられます。すると、６７０㎞のラインを越えて地上に向かう、大規模な上昇流となります。

反対に、６７０㎞より上のラインにプレートが大量にたまると、低温のプルームが大量につくられます。それらはマントル最深部に向かって沈む大規模な下降流となります。

このように、地下６７０㎞のラインを越えて上昇あるいは下降する大規模なプルームが、スーパープルームです。高温のものをスーパーホットプルーム、低温のものをスーパーコールドプルームといいます。東アフリカに巨大リフト（断裂）をつくったり、南太平洋にタヒチなどの火山島の列をつくったりしたのはスーパーホットプルームのしわざです。一方で、日本を含むユーラシア大陸の下ではスーパーコールドプルームが下降しているとみられています。

こうしたスーパープルームの上昇と下降が「プルームテクトニクス」と呼ばれるものです。プルームはマントルの対流を引き起こし、マントルの上にあるプレートが移動する原動力となります。ウェゲナーの大陸移動説に始まるプレートテクトニクスという考え方は、プレートが移動する原動力を説明できないことが長年の難題だったのですが、プルームテクトニクスが提唱されたことで、仮説から定説となったのです。プルームテクトニクスを提唱したのは深尾良夫や丸山茂徳でした。

〈試論2〉オラーコジン説も採用

さらに、日本海形成についての諸説のなかで私は「オラーコジン説」を採り入れたいと考えています。

これは、平坦な地形が引き裂かれるときは、断裂はしばしば3方向に分かれ、そのうち2本はよく発達し、1本は未発達となるという考えでした。オラーコジンができる原因の多くはプルームの上昇とされていますので、この説はホットリージョンマイグレーション説の発展形と

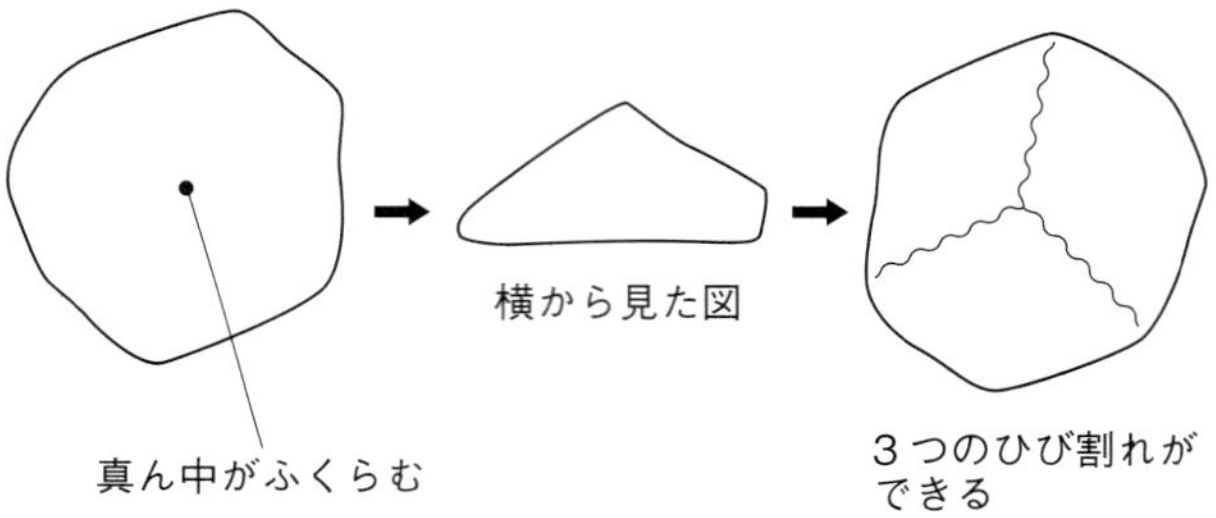

図6-2　オラーコジンのイメージ
焼けた餅がふくらんで、三方にひびが入る

いえるかもしれません。

オラーコジンについて、もう少し説明しておきましょう。この現象は、丸い形の餅を焼くところを思い出すと、イメージしやすいと思います。餅は真ん中がふくらんで、そのあとひび割れができます。大地が裂けるときも、このようなひび割れが等間隔に3本できるというのが、オラーコジンという考え方です（図6-2）。

私は以前に書いたブルーバックス『川はどうしてできるのか』のなかで、世界の五大陸のうち、大きなユーラシア大陸と小さなオーストラリア大陸を除いた平均的なサイズの三つの大陸（アフリカ大陸、北米大陸、南米大陸）には、いずれも、「大河」と呼ばれる大きな川が三つずつあるという話を書きました。そして、それらは大陸がマグマの火で餅のように焼かれたときに、オラーコジンの考え通りに3本の断裂ができたからではないかと述べました。

同様に日本海の拡大についても、オラーコジンが提案されています。第3章でも述べたように、オラーコジン説を提唱した立石と志岐は、発達した2本のリフトが日本海の背弧を裂いて拡大させ、残りの未発達の1本が日本列島まで延びて横断し、フォッサマグナをつくったと考えています。私もこの説に賛同するものです。つまり、フォッサマグナはスーパープルームによってできたオラーコジンのリフトのうちの一つであると考えているのです。

〈試論3〉フォッサマグナはこうしてできた

では、これらの考えを前提として、フォッサマグナがどのようにしてできたのかを私なりに推理していこうと思います。あくまで私見にもとづいた図を見ていただきながら話を進めます。私たち「地質屋」は、このような図を「漫画」などと呼んでいます。

まず、図に描かれている以前の状況から説明しておきましょう。

約1億年前（100Ma）には、日本列島はユーラシア大陸の東の縁にへばりついていました。その南には一つの大きな海溝があって（仮に「古日本海溝」とします）、大陸に向けて付加体が形成されていました。この海溝のずーっと西端に、伊豆・小笠原海溝がつながっていました。しかし、それ以外には、ここには何もなかったのです。

ただ、そのとき地球上では、すでに何度目かの大変動が始まっていました。約2億5000万年前に、地球のほとんどの大陸が合体してできた超大陸パンゲアは、約2億年前にはとてつもなく巨大なスーパープルームによって再び引き裂かれて、移動を始めていました。

地球上では、大陸が集まって「超大陸」をつくっては、分裂して離散する、ということが繰り返されています。プレートテクトニクスによって動き回る大陸は、いずれはほかの大陸にぶつかって合体し、どんどん集まって、一つにまとまります。これが超大陸です。諸説ありますが、過去には19億年前から1億年ほど前までに7～8度、超大陸が形成されたようです。

しかし、超大陸はあまりにも広い範囲にわたって地球を覆うため、地下からの熱の流れが阻まれて、いつかは破局を迎えます。大量に上昇してきたスーパープルームによって、ばらばらに引き裂かれてしまうのです。現在の地球にある五つの大陸は、最後の超大陸が分裂した結果です。しかし、それらはまたいつか、合体して一つになります。このような繰り返しのことを、提唱者のツゾー・ウィルソンにちなんで「ウィルソン・サイクル」と呼んでいます。

さて、超大陸パンゲアがばらばらになると、プレートの残骸は海溝に沈み込んで「メガリス」と呼ばれる重い岩石の塊となります。それらはあまりにも重く、そして大量なため、地下６７０kmのラインを越えて下に沈み込み、２９００kmのところにまで落下します。すると、その反流で、そこにあった大量のホットプルームが上昇を開始したのです。

上昇したホットプルームはスーパーホットプルームとなって、１億２０００万年前頃に、南太平洋で「地球史上最大」といわれる火山活動を引き起こしました。大量のマグマを海底に噴き出して、オントンジャワ海台を形成したのです。その面積は約２００万㎢で日本の約５倍。厚さは約30km、流れ出た溶岩の総量は富士山の溶岩の５万倍に相当するというすさまじさでした。

この途方もないスーパープルームは、枝分かれして地下のマントル内を移動します。その一部は北上し、フィリピン海にさしかかります。そして、およそ６０００万年前（60Ma）頃に西フィリピン海盆を南北に拡大させ、さらに27Ma頃には四国海盆を東西に拡大させて、現在のフィリピン海プレートの骨格を形成したのです。このフィリピン海プレートの沈み込みの開始にともなって、15Maに伊豆・小笠原弧が現在の位置へと移動してきて、本州に衝突したことは、すでに繰り返し述べてきたとおりです。

何もなかった北方の、大陸にへばりついていただけの日本列島が変動を始めたのは、この頃からでした。「漫画」はここから始まります。

(1) 20〜17Ma――日本海の拡大前夜

見た目には、日本列島にはまだ何も起きていません。しかし、このとき地下では、オントンジャワ海台を形成した巨大なスーパープルームから枝分かれした一部が、フィリピン海プレートをつくり、さらにその枝分かれの一部が北上して、その北端は日本海の地下にまで達しつつあった、と私は考えています（図6‐3）。

これには、重要な意味があります。第5章で私は、フォッサマグナが世界で唯一の地形である理由は、その深さではなく落差にあると述べました。そして私は、そのような落差を生んでいるのは、北部フォッサマグナでの大地の陥没と、南部フォッサマグナでの大地の付加・隆起が、地質学的時間ではほぼ同時に起こったことにある、と考えています。

言い換えれば、なぜこの2つの現象が同時に起きたのかがわからなければ、フォッサマグナの成因はわかりません。いわば「15Ma」はマジックナンバーです。

そして、どちらの現象も同じスーパープルームによって次々に引き起こされたと考えることで、マジックナンバー15Maの説明が可能になるのです。私がホットリージョンマイグレーション説を支持する理由はここにあります。

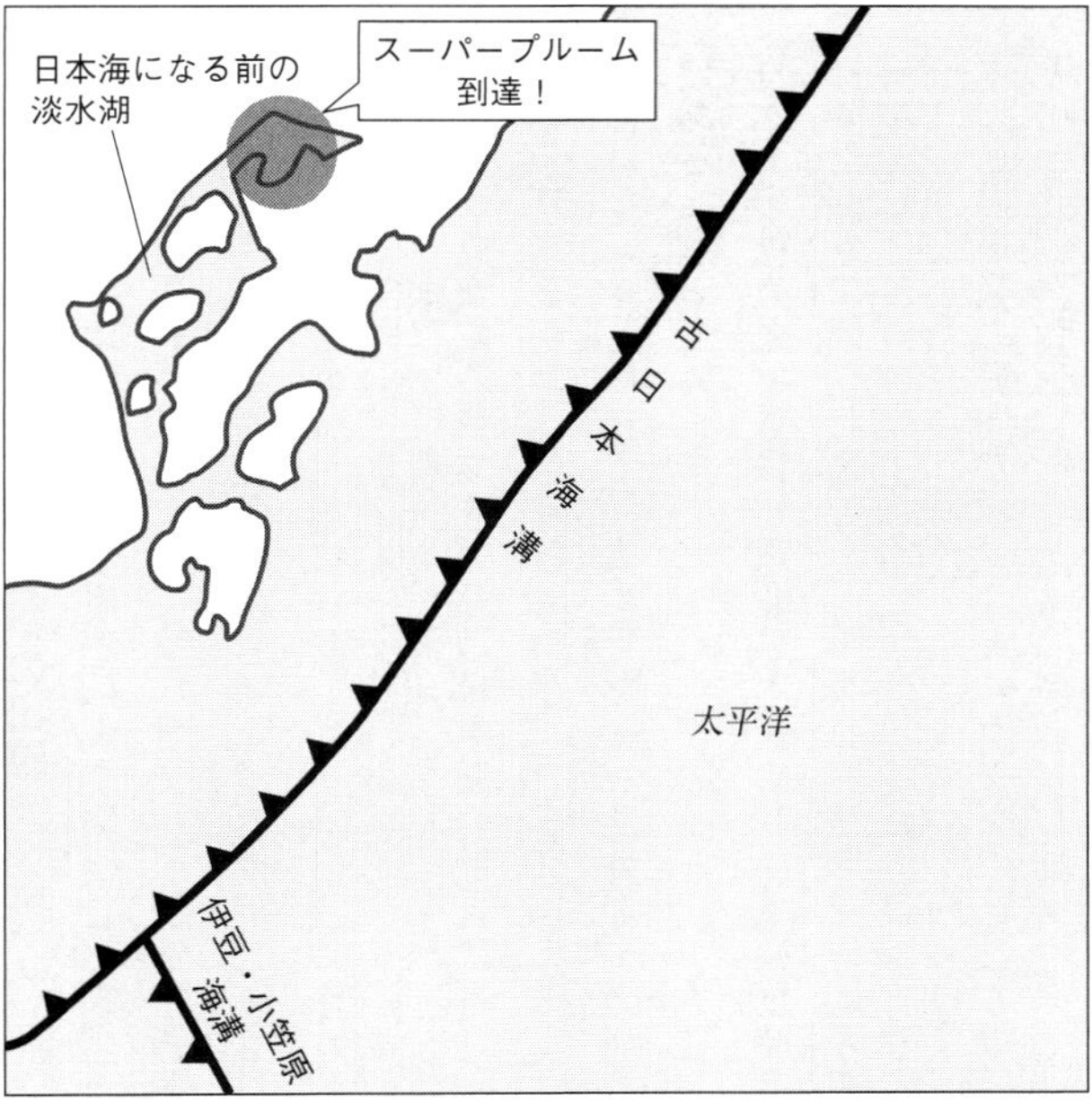

図6-3 フォッサマグナができるまで①
20〜17Ma〔日本海の拡大前夜〕
オントンジャワ海台をつくった大量のスーパープルームの一部が、南でフィリピン海プレートを形成し、北上して日本海に達する

（2）17～15Ma——オラーコジンの出現

いよいよ17Ma頃から、日本海が拡大を開始します。ホットプルームの上昇によって大地は3方向に割れ、3本の断裂（すなわちリフト）ができます。オラーコジンです。

3本のリフトは、幾何学的に考えれば等間隔の120度で交わる3本の線になりそうに思われますが、この現象に最初に注目したアメリカのホフマンらによれば、オラーコジンでは3本のリフトは「T字形」に「進化」していくそうです（図6－4）。2本は一直線につながり、もう1本が直交する形です。私は日本海の拡大に寄与したのはつながった2本のリフトで、もう1本のリフトが南へと延びていき、日本列島の真ん中を貫いて北部フォッサマグナをつくったのではないかと考えています。フォッサマグナの地質構造だけが南北に走っている理由もここにあると考えています。

日本海の拡大とともに、東北日本側のリフトは反時計回りに回転し、西南日本側のリフトは逆に時計回りに回転しました。第3章で述べた「観音開き」です。2本のリフトが直線状につながっていたために、このようにくっきりと折れ曲がった形になったのではないでしょうか。日本列島の島弧の方向が、フォッサマグナのところで逆「く」の字に曲がっているのは、これで説明できると考えます。

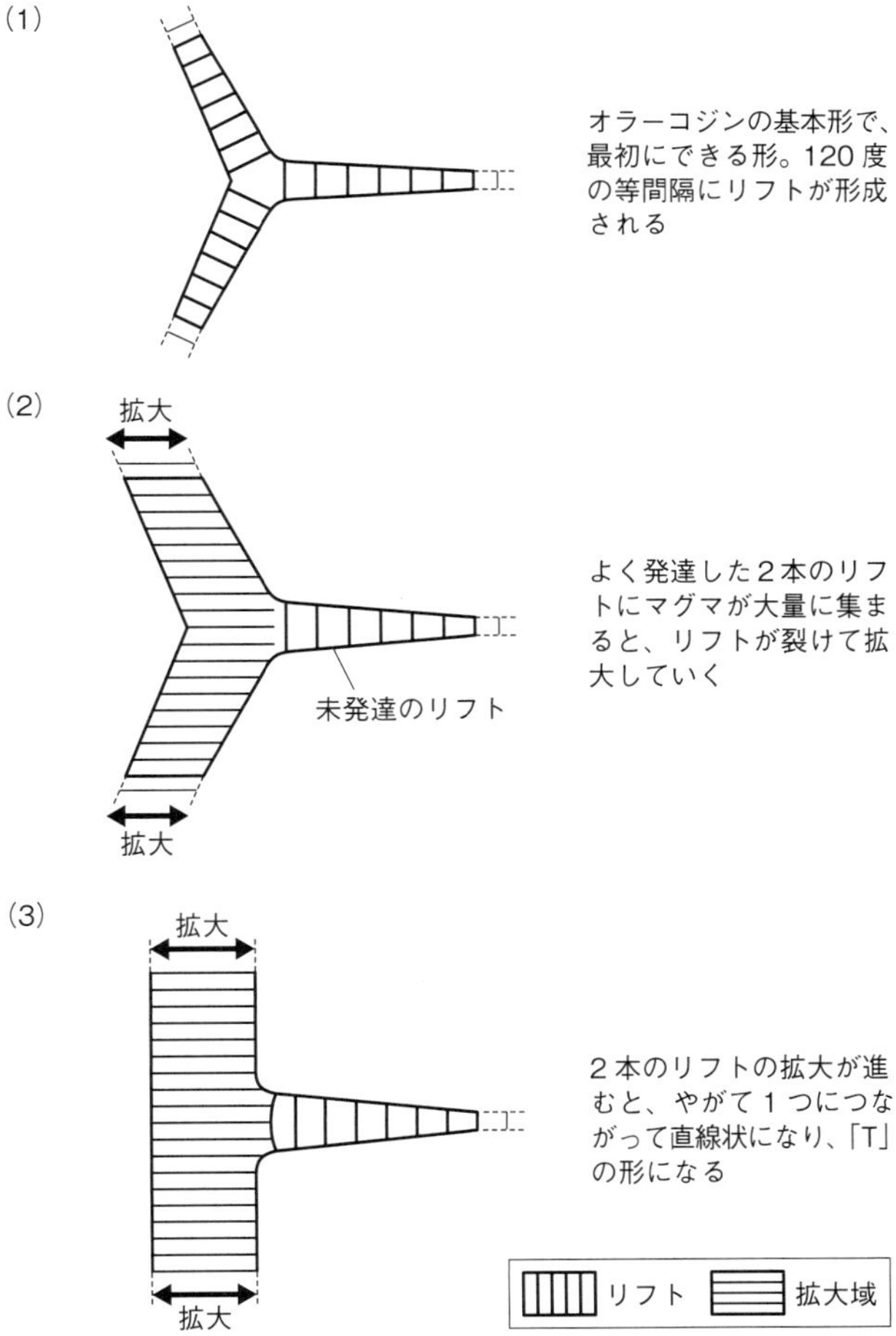

図6-4　オラーコジンのリフトは「進化」する
ホフマンらが考えた進化の形態（ホフマンら1974を改変）

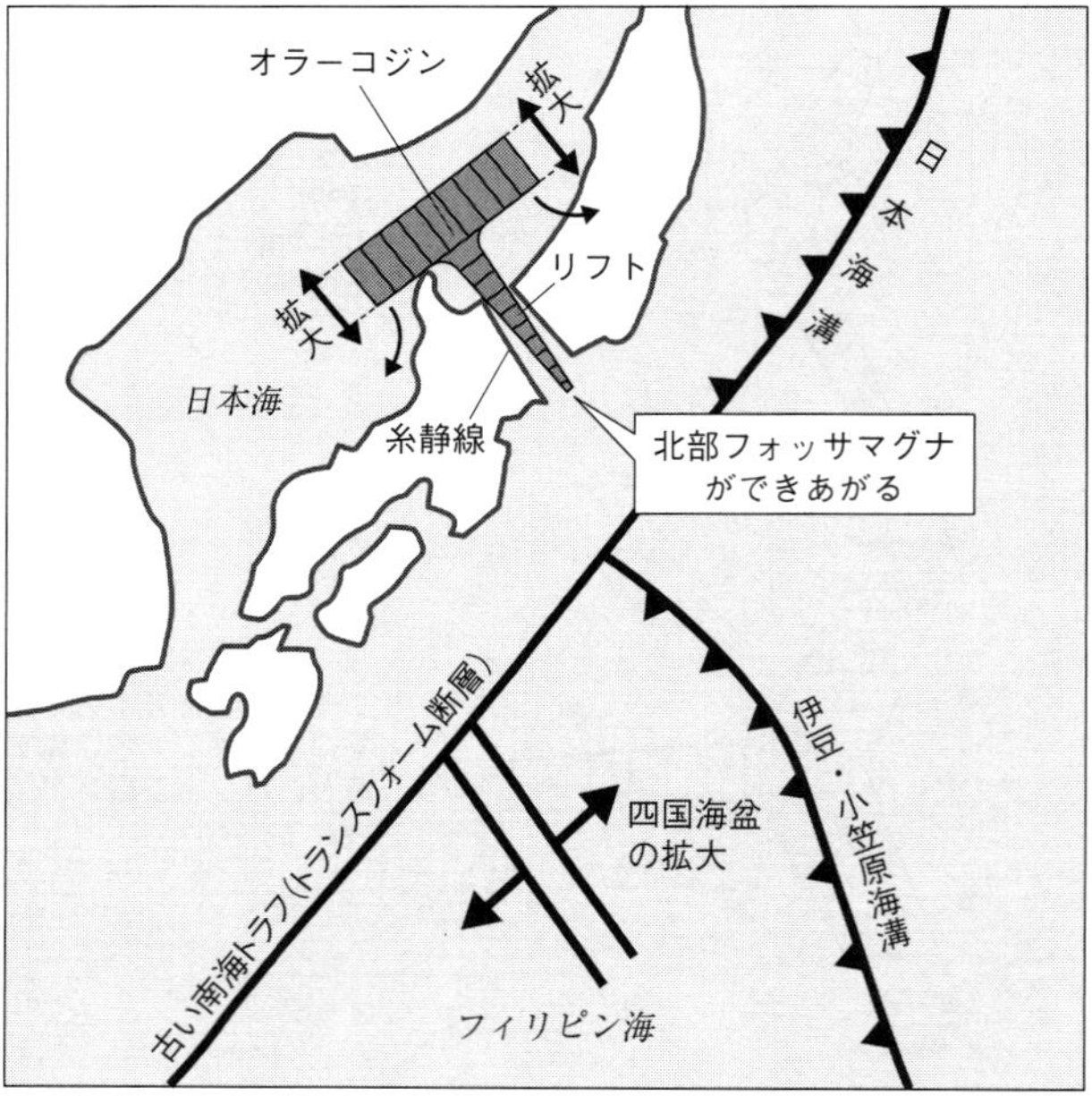

図6－5　フォッサマグナができるまで②
17〜15Ma〔オラーコジンの出現〕
3本のリフトのうち、2本が日本海の拡大に寄与し、もう1本が北部フォッサマグナをつくった。四国海盆の拡大によって伊豆・小笠原海溝は東へ移動しているオラーコジンの3本目のリフトが、どのタイミングで北部フォッサマグナとなる地溝をつくったのかについては、意見が分かれています。日本列島がまだ大陸の東縁にあるときにリフトが東北日本と西南日本を分けたと考える人が多いのですが、東北日本と西南日本が現在の位置についたあとで、リフトがその真ん中を引き裂いたという考えもあります。

いずれにしても、15Ma頃に、日本海と日本列島の配置はほぼ現在のようなものになりました。東北日本と西南日本の間にできた断層（西側は糸静線）は、回転する東北日本、西南日本を滑らせるトランスフォーム断層の役割をはたしたと考えます。

この拡大で日本海側の海岸線は、たった200万年ほどで現在のロシアから富山までに相当する約700kmを移動しました。その移動速度は年間平均で35cmになります。現在、世界最速の拡大軸とされている東太平洋海膨でも年間15cmですから、ものすごい「高速拡大」でした。

そして未発達のもう1本のリフトが日本列島を貫き、深く巨大な地溝、北部フォッサマグナをつくったのです（図6-5）。未発達のリフトと言っても、ロシアで最初に確認されたオラーコジンでは幅数十km、長さ数百kmにも及んでいたことは第3章で述べました（このロシアのオラーコジンも、超大陸パンゲアを引き裂いたスーパーホットプルームが噴出してできたとされています）。

（3）15〜12Ma――伊豆・小笠原弧の衝突

拡大が始まったばかりの日本海はまだ浅い海でしたが、徐々に深くなって、この頃にはすでに最大深度は4000mを超えていたと思われます。水深が大きくなるのは、海洋地殻をつくる玄武岩が、時間が経つにつれて冷えて重くなり、沈んでいくからです。第2章で見た地層の変遷からは、北部フォッサマグナもこの時期は守屋層から別所層に相当し、浅い海からしだいに深海に没していったことがわかります。

東北日本が現在の位置にきた頃に、太平洋プレートの沈み込みを受けはじめることで、東北日本から北部フォッサマグナにかけては海底火山の活動が活発になります。すると、東北日本（火山列から男鹿半島にかけて）では、一人前のリフトになり損ねた南北性の未発達のリフトがいくつか形成されます。これらのリフトは海底火山活動によって押し出され、フォッサマグナ東端の断層を越えて、フォッサマグナの中に入り込みました。このときに断層の壁が壊されたために、フォッサマグナの東縁では境界となる断層が見つからなくなってしまったと考えられるのです。

同じ頃に、日本列島の南側ではフィリピン海の四国海盆の拡大が終わり、フィリピン海プレートは北へ移動を開始し、南海トラフに沈み込みはじめます。これによってプレート上の伊豆・小笠原弧が本州に運ばれてきて、地殻の厚みのために沈み込むことができず、南部フォッサマグナの位置で衝突します。そして地殻の上部がはぎとられて、やがて丹沢山地を形成します（図6-6）。こうして南北のフォッサマグナはほぼ同時期に形成され、合体しました。

北部フォッサマグナの東縁を曖昧にした東北日本のリフトの侵入は、日本海沿岸から八ヶ岳あたりまでで、南部フォッサマグナではリフトの南下は、関東山地によって下仁田あたりで止められています。フォッサマグナの東端の断層は、おそらくは第1章でふれた、目には見えない岩村田―若神子構造線であると私は考えます。しかし、度重なる南部フォッサマグナへの伊豆・小笠原弧の衝突によって関東山地が回転したために、その方向が現在のように動いてしまったのでしょう（54ページ図1-12）。

（4）12Ma以降――浅くなるフォッサマグナ

やがて日本海は最大の深さになりますが、拡大開始から200万年ほど経つと、ついにマグマが出尽くして、拡大を停止します。すると、頁岩《けつがん》などの堆積岩が堆積しはじめます。北部フォッサマグナでも陸からの堆積物がたまりはじめ、徐々に水深は浅くなっていきます。

南部フォッサマグナでは、フィリピン海プレートがどんどん伊豆・小笠原弧の島弧の火山島を運んできては衝突し、いくつもの山地が形成されます。1Ma頃には伊豆島が衝突して、伊豆

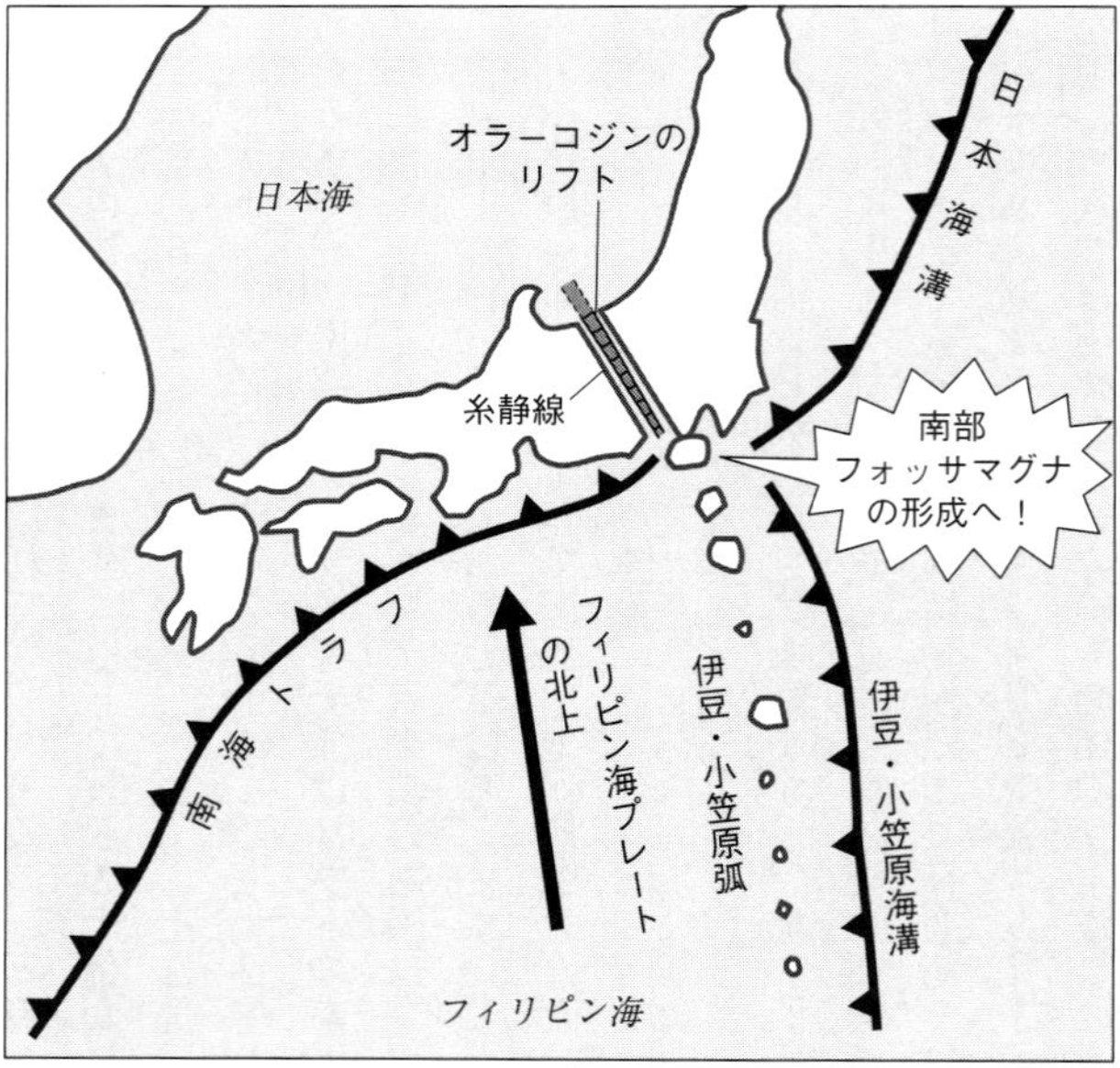

図6-6　フォッサマグナができるまで③
15〜12Ma〔伊豆・小笠原弧の衝突〕
北部フォッサマグナの形成とほぼ同時期に、伊豆・小笠原弧が衝突して南部フォッサマグナが形成された半島になります。フィリピン海プレートはさらに南部フォッサマグナを押しつづけ、たくさんの隆起山地をつくります。先に述べた「八の字」の理由です。

やがて東北日本の日本海側では3〜2Ma頃から、新しくできた日本海のプレートが本州に向かって沈み込みを開始します。そのため日本列島は太平洋側からも日本海側からも押されるため東西方向に激しい圧縮を受けて、縮みます。東北日本の日本海側では、海岸線に沿って逆断層ができはじめます。この東西方向の圧縮はフォッサマグナにも影響して、フォッサマグナそのものが縮んでいきます。それとともに、隆起はさらに高くなっていきます（図6－7）。こうして赤石山脈は3000m以上の山になりました。

フォッサマグナができあがり、現在のような姿になるまでのストーリーは、およそこのようなものであったと私は考えています。北でオラーコジンができて日本海が拡大し、南でフィリピン海プレートができて伊豆・小笠原弧が衝突したのが同時期であった理由は、スーパープルームによってうまく説明できていると思います。

しかし、実はこれだけではまだ、フォッサマグナの成因をすべて解き明かしたことにはならないと私は考えています。いや、正確にいえば、こうして絶妙のタイミングによってフォッサ

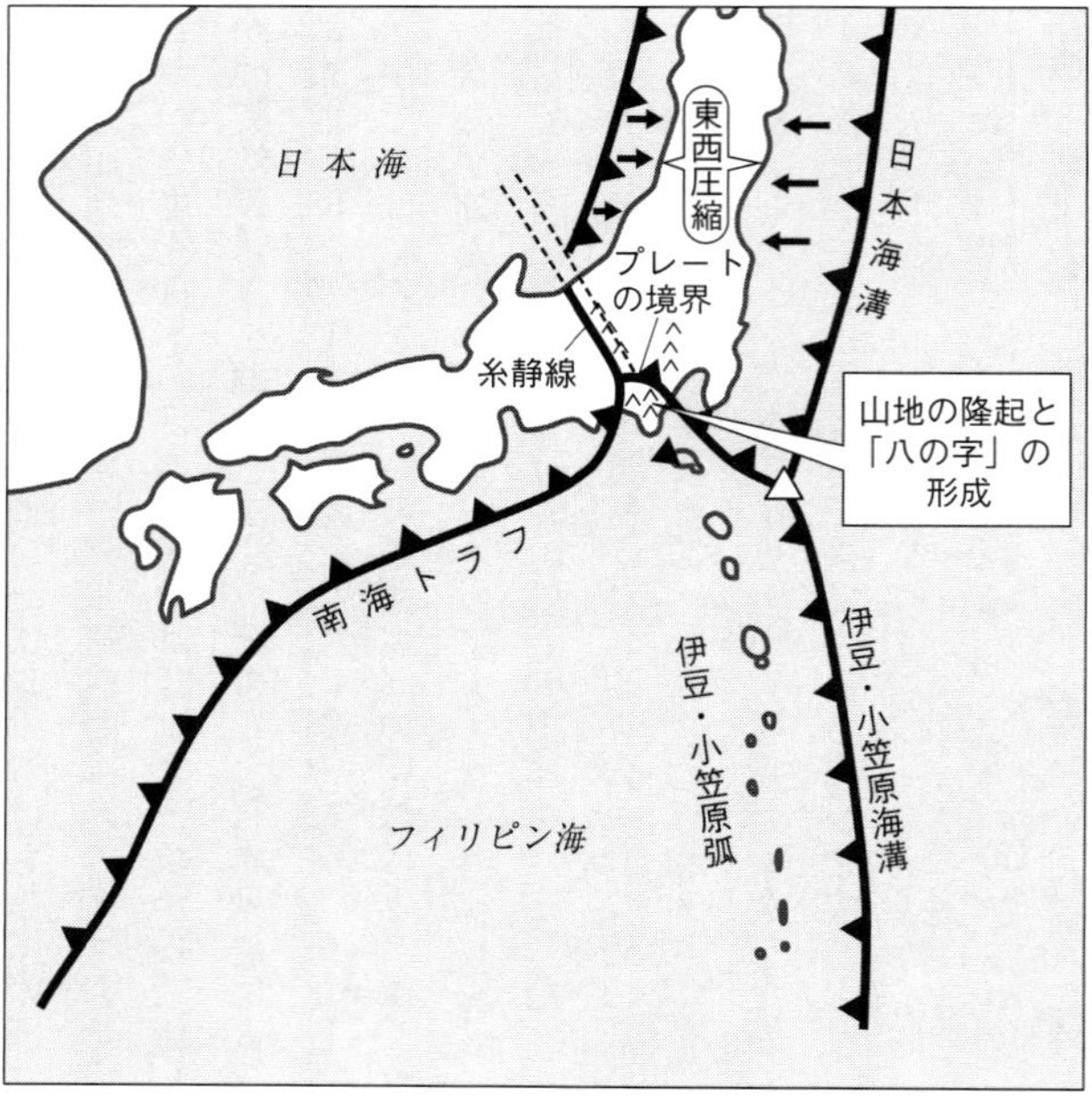

図6－7　フォッサマグナができるまで④
12Ma～〔浅くなるフォッサマグナ〕
フィリピン海プレートの押し込みと、日本海のプレートの圧縮によって、フォッサマグナは圧縮されるとともに、高く隆起するマグナができたとしても、微妙なバランスゆえに、いずれは変容してしまって、現在まで残ることはなかったのではないかと考えられるのです。変転するプレートとプルームに支配されている地球のジオメトリー（幾何学）は、実に流動的なものだからです。

現在のところ、世界にフォッサマグナのような地形がほかに見当たらない理由も、決してほかの場所でフォッサマグナができなかったのではなく、いったんはできたとしても、微妙なバランスを保つことができず、やがて崩壊したり、変形したりしてしまったからではないかと私は考えています。

つまり、日本のフォッサマグナだけが1500万年にもわたってその姿を保ちつづけることができた理由が何かあるはずなのですが、ここまで述べた形成ストーリーだけでは、そのことが説明できません。

では、なぜフォッサマグナが世界で一つだけなのか、私の考えを述べていきましょう。ここからが試論中の試論、「漫画」以上に荒唐無稽な話です。

フォッサマグナはなぜ世界で一つだけか ①オラーコジンの可能性

フォッサマグナだけが世界で唯一の地形として、特異な姿でありつづけているのは、フォッサマグナにしかない「何か」があるからである、と考えるのは自然なことでしょう。もしそうであるならば、その「何か」とは何でしょうか。

たとえば、それがオラーコジンである可能性は考えられないでしょうか。日本海の拡大のときにオラーコジンができていたとするのは一つの仮説にすぎませんが、もし背弧の拡大において、ほかの場所ではオラーコジンのような構造が見られなければ、フォッサマグナを世界唯一にした「立役者」の有力候補となります。

前出のホフマンらは、地球上にオラーコジンができた場所がどのくらいあるかを調べています。その結果、カナダやグリーンランド、インドの周辺、アフリカ、北アメリカ、さらに南アメリカのパラナ海盆、ロシアのウラル山脈など、いくつもの候補が挙げられています。

しかし、これらに共通していることではっきりわかっているのは、かつてスーパーホットプルームが上昇してきた場所ということだけです。これらがオラーコジンなのか、それともオラーコジンもどきなのかは、まったく区別がついていないのです。

ましてや、これらの場所でフォッサマグナのような地形がつくられているかどうかは、皆目わかっていません。それを調べること自体、大変な作業であり、残念ながら現状ではそれは不可能なようです。背弧拡大におけるオラーコジンがフォッサマグナに特有のものであったのかどうかは、否定はされていないものの、何とも言いようがない、というのが率直なところです。

フォッサマグナはなぜ世界で一つだけか ②海溝三重点の誕生

では、最後のピースを埋めてみます。

フォッサマグナを世界唯一の地形として存在させているもの、それはやはり、同じく世界唯一の地形である房総沖海溝三重点ではないかと私は考えています。

その理由を説明する前に、房総沖海溝三重点がどのようにしてできたのかをあらためて説明していきます。

オラーコジンによってできた3本のリフトのうち2本によって拡大した日本海はその後、マグマが枯渇してしまって、拡大は停止しました。その一方で、南へ延びたもう1本のリフトは、北部フォッサマグナをつくって日本列島を横断したあと、太平洋の縁にまで達して、日本海溝や伊豆・小笠原海溝、古い南海トラフとぶつかって、そこに三重点をつくりました。それは、R‐T‐F（海嶺〔リフト〕―海溝―断層）の三重点でした。このときの南海トラフは、第4章で述べたように海溝ではなくトランスフォーム断層でした。これが房総沖海溝三重点の前身ともいえるものです。

やがて、フィリピン海のいちばん北の四国海盆が拡大を停止すると、フィリピン海プレートは北上して沈み込みを開始し、プレート上の伊豆・小笠原弧も北上を始めます。伊豆・小笠原弧はトランスフォーム断層である古い南海トラフを滑るように北上して、ちょうど北部フォッサマグナの南端に来たところで衝突します。このときに、古い南海トラフは陸に押し込まれて消滅しました。しかし、その手前にジャンプする形でフィリピン海プレートの新しい沈み込み帯ができ、現在の南海トラフ（海溝）になりました。

ここに、南海トラフの東延長と日本海溝、伊豆・小笠原海溝とが交わるT－T－Tの海溝三重点、すなわち房総沖海溝三重点が形成されたのです。もとの三重点を構成していたオラーコジンからのリフトはどこへ行ったかといえば、おそらく南海トラフが海溝となったときにこれと一緒になったのだろうと私は考えています。

実は、このようにして海溝三重点ができた時期もまた、15Maだったと考えられるのです。再びマジックナンバーが浮上してきたわけです。はたしてそこには、どのような意味があるのでしょうか。いよいよ結論へ進みます。

フォッサマグナはなぜ世界で一つだけか　③海溝三重点のもつ意味

アジアの端でオラーコジンができて、その先端がリフトとして日本海溝に達する一方で、伊豆・小笠原弧が北部フォッサマグナの南端に衝突し、南海トラフが海溝となって海溝三重点ができた——この一連のイベントが、すべて15Maにいっぺんに起きたと私は想像しています。

3本のリフトが交わるオラーコジンは、これも「三重点」ということができます。オラーコジンのリフトは大地を裂き、背弧を陥没させましたが、そこからはマグマが噴き出され、マグマはプレートとなります。一方の房総沖海溝三重点は、プレートを引きずり込んでしまう海溝が交わった三重点です。すると、北にはプレートを生産する三重点ができ、南にはプレートをなくしてしまう三重点ができたことになります。この両者が日本列島をはさんで南北に向かい合っているというのは、世界的に見てもかなり怪しげな配列です（図6-8）。宇宙でいえば、爆発を起こした超新星のすぐ近くに、ブラックホールがあるようなものです。

この二つの三重点がほぼ同時に形成されたことが、フォッサマグナの存続において不可欠だったのではないかと私は考えます。1本のリフトでつながった両者は、いわば車軸でつながった車の両輪の関係にあったのではないでしょうか。

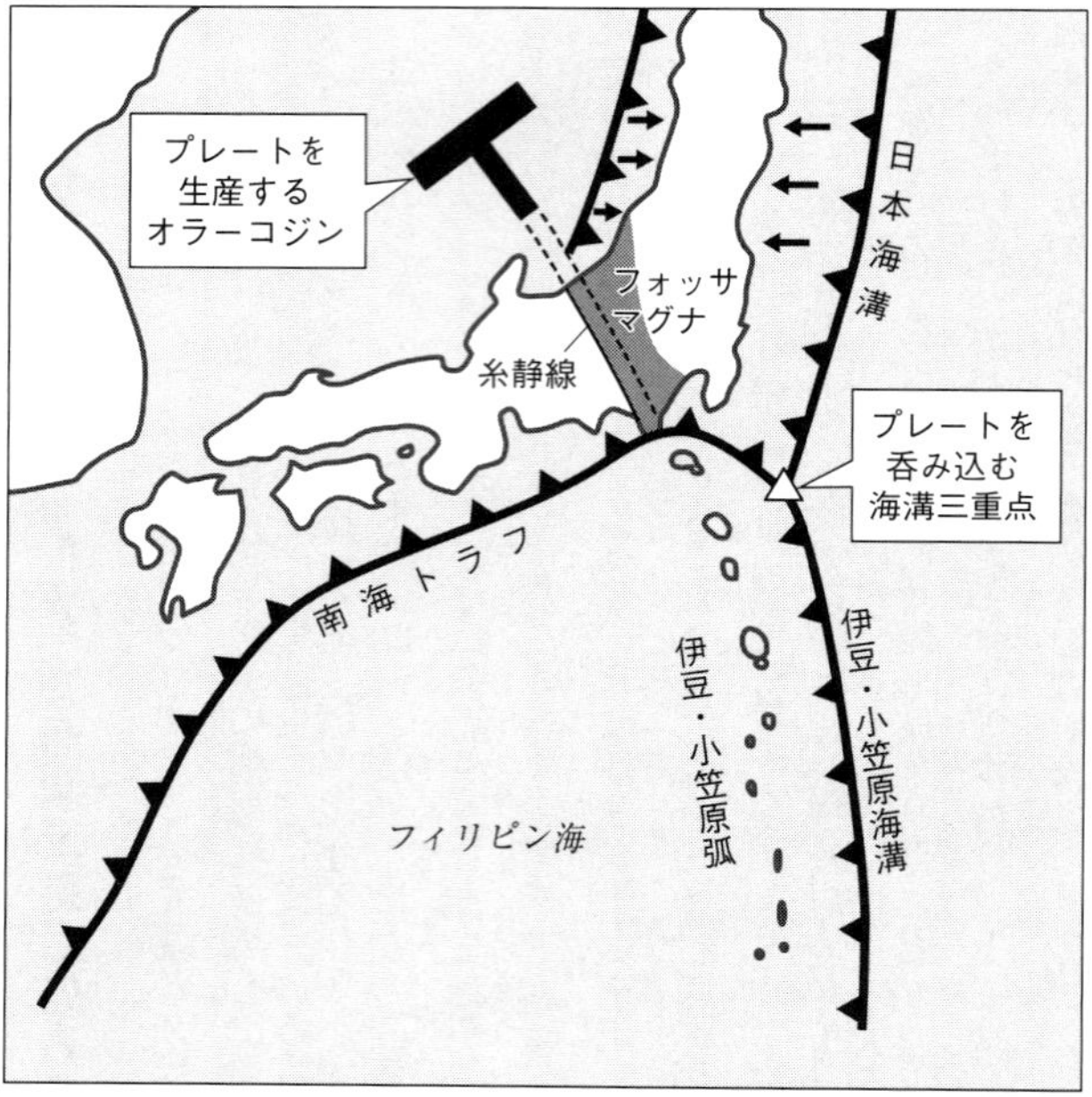

図6-8　世界でも例のない日本列島の2つの三重点
北にはプレートを産生するオラーコジンが、南にはプレートを引きずり込む房総沖海溝三重点があったことで、フォッサマグナはその形を保つことができたのではないか

海溝三重点は、フィリピン海プレートとともに次々と南から押し寄せる火山島の衝突にも位置をほとんど変えずに存在しつづけ、フォッサマグナというジオメトリーを変えないように、コントロールしてきたのではないかと考えるのです。もし海溝三重点の位置が大きく変動していたら、フォッサマグナという地形は保持されていなかったのではないかと。

もっと言うならば、オラーコジンと海溝三重点を結ぶリフトの存在こそが、フォッサマグナなのです。このような配列が15Maにできたことは、まったく再現不可能な、特異な地球科学現象であると思われます。フォッサマグナに相当する地形が世界でほかに見つけられないのも、そう考えるとうなずけるのではないでしょうか。

日本海の拡大は2000万年ほどでマグマがなくなって終わりましたが、今度は日本海そのものが太平洋プレートとともに日本列島の下へと沈み込みを開始しました。しかし、日本列島の反対側には海溝三重点という強大なアンカー（錨）が存在しているため、日本列島そのものが形を変えていくようなことはありませんでした。そのかわり、とくに東北日本には強い東西方向の圧縮が起こり、その結果、フォッサマグナでは赤石山脈が隆起し、さらに北アルプスや中央アルプスのような高い山脈ができていったのです。海溝三重点の位置が変わらないかぎり、こうした東西圧縮はこれからも続くでしょう。

以上がフォッサマグナの成因について、かなり想像をたくましくした私の結論です。

こうして原稿を書いているいま、南東の空に、15年ぶりに大接近した火星が見えています。西には金星、そして南に見えるのはたぶん、木星でしょうか。これらの惑星の位置関係が、太陽系が生まれて45億年も経っているのに変化していないのは、不思議というか、驚くべきことです。太陽系全体がバランスをとって、（小惑星帯を別にして）すべての平衡がとれている。宇宙はどんどん膨張しているというのに、です。

それに比べれば、フォッサマグナが１５００万年にわたる平衡を保ってきたといっても、ほんの一瞬にすぎず、怪物というほどのことはない気もしてきます。

Column

フォッサマグナに会える場所
⑦ 男鹿・大潟ジオパーク

秋田県の西端から日本海に突き出た男鹿半島を中心に、日本最大の干拓地・大潟村もあわせて構成されているのが男鹿・大潟ジオパークです。ここでは、日本海が拡大する前に起こったマグマによる火成活動や、拡大が始まって海がどんどん深くなっていき、そのあと再び海が浅くなって陸化していくまでのプロセスを示す一連の地層を、男鹿半島の西端から東へかけて連続的に見ていくことができます。そして、これらの地層は日本海側の標準層序となっています。

最も古い地層は安山岩質な火山岩の「門前層」で、そのあと流紋岩や植物化石を含む「台島層」、礫岩や砂岩や海底噴火した玄武岩質の火山岩などを含む「西黒沢層」、さらに硬質頁岩の「女川層」、砂岩の「船川層」などを経て、汽水に近い「北浦層」、陸化した「脇本層」などの、環境の変遷を物語る一連の地層のジオサイトがあります。

第2章で見た北部フォッサマグナの地層をこれと対比すると、守屋層・内村層が西黒沢層に、別所層・青木層が女川層に、小川層・柵層が船川層に、猿丸層・豊野層が北浦層に、ほぼ対応しています。このことから北部フォッサマグナの形成は、男鹿半島が示している日本列島形成の歴史と、ほぼ同じプロセスをたどっていると考えることができるわけです。

　そのほかのジオサイトとして、第四紀の火山の爆裂火口に地下水がたまった一の目潟は、堆積物が縞状に積もった「年縞《ねんこう》」が見られることで世界的にも注目されています。山のほとんどが安山岩でできている火山の寒風山や、人工的に埋め立てられて大潟村となった八郎潟などもあります。また、館山崎や塩瀬崎は火山礫凝灰岩の地層が上下に入り組んでいて奇岩が多く、館山崎の近くでは「ろうそく岩」が見られるほか（写真）、塩瀬崎では最近、ゴジラにそっくりな「ゴジラ岩」が人気を集めています。

　男鹿・大潟ジオパークは日本海の拡大とそれにともなう一連の環境の変遷を知るためにきわめて重要です。そのことは、西南日本の山陰海岸ジオパークの一連のジオサイトと比べることで、より鮮明に理解できます。

館山崎近くで見られる「ろうそく岩」。かつては「観音岩」と呼ばれていたが頭部にあたる部分が浸食でなくなり、呼び名が変わった

第7章 フォッサマグナは日本に何をしているのか

フォッサマグナについての懸念

フォッサマグナはなぜできたのか、そして、なぜフォッサマグナが世界で唯一の地形といえるのか、最後はほとんどSFのような結論になってしまいましたが、いかがでしたか。

日本の成り立ちにおいてきわめて重要なものであるにもかかわらず、いまだにその真実の姿がはっきりとはわかっていないという意味では、フォッサマグナはあるいは邪馬台国のようなものかもしれません。

しかし、現実にフォッサマグナはいまも存在しています。そして第6章で述べたように、おそらくこれからも存在しつづけるでしょう。

思うに、ここまで読んでいただいたみなさんがいま気になっているのは、とてつもなく大きな地殻変動によって生まれたこの怪物的な地形は、それ自体がその後、さまざまな地殻変動を起こしてきたのであろう、そして、これからも起こすにちがいない、ということではないでしょうか。

その懸念はもっともです。フォッサマグナについて知れば知るほど、日本列島のど真ん中にこのようなものを抱えていたら、いつ地震が起きるか、いつ火山が火を噴くかと、気が気でなくなってもおかしくありません。なにしろ、フォッサマグナ地域にはいまも活火山である富士山がすっぽり入っていて、糸静線などの活断層が何本も走っているのですから。

この章では、みなさんの当然の疑問に答えていこうと思います。すなわち、フォッサマグナは日本列島にどのような影響を与えてきたのか、そして、これからの日本列島に何をするのか、という疑問です。

フォッサマグナと火山活動

すでに述べたように、フォッサマグナはスーパーホットプルームという「火の気」によってつくられたという説が有力であると私は考えています。事実、その内部には多くの火山が並んでいて、長きにわたって火山活動を繰り返してきました。

新生代の中新世では、フォッサマグナの火山は最初は陸上噴火でしたが、その後は、おもに海底火山でした。そのため、大量の枕状溶岩などが生成されています。これらの火山の成因は、スーパーホットプルームの枝分かれしたマグマだまりから、マグマが海底に噴き出したためでした。これは東アフリカのリフトゾーンも同じです。海底火山の活動は海底に生息する生物に大きな影響を与えました。

第四紀になると、火山の噴火は再び陸上で起きるようになります。霧ヶ峰や八ヶ岳、富士山、箱根山などの火山が南北に並んでいます。それらの火山の列は、南に伊豆大島、三宅島、八丈島などの火山へと1200㎞も連なっています。これらは海底での噴火が陸上噴火になり、島になったものです。これら第四紀の火山の成因は、太平洋プレートの沈み込みにあり、海底火山の成因（スーパーホットプルーム）とは違っています。

火山活動が活発だった時期のフォッサマグナは、陸上に溶岩や火山灰を大量に運び込んで、自然環境に大きな影響を与えてきました。歴史時代には噴火した富士山や箱根山が火山灰を関東へと運んで、ローム層をつくりました。一方で、火山灰は気候を寒冷化させて飢饉を引き起こすなど、人類の生活をも大きく左右してきました。

本書でも繰り返し述べてきたように、フォッサマグナ地域には南北ともにいくつもの活火山が散在し、多くの断層が走っています。そして、そもそも3枚ものプレートがひしめきあっているところです。身も蓋もない言い方をするようですが、いつ何が起きてもおかしくない場所なのです。

2003年、火山噴火予知連絡会は活火山の定義を「概ね過去1万年以内に噴火した火山及び現在活発な噴気活動のある火山」と再定義し、それまでの「過去およそ2000年以内に」

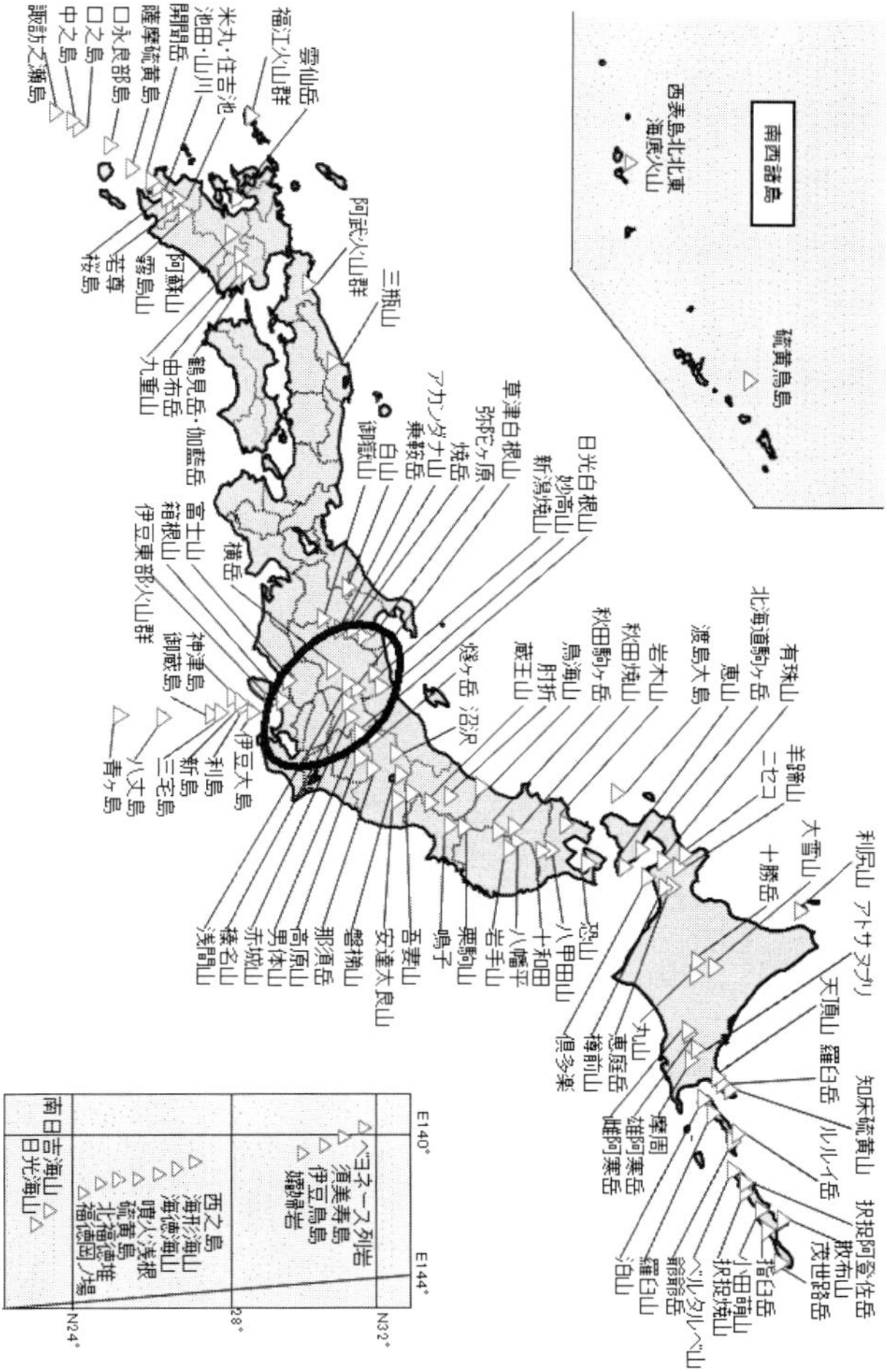

図7－1　日本の活火山の分布
楕円で囲った部分がフォッサマグナ地域（気象庁ホームページを改変）

としていた定義を大幅に拡張しました。数千年にわたって休止していた火山でも噴火することがわかり、警戒を強めるためでした。

しかしフォッサマグナ地域では、最も近いところでは2018年1月23日、草津白根山（群馬県）の本白根山が3000年ぶりに噴火し、噴石によって1人が亡くなり、11人が負傷しました。この噴火は直前まで予兆がまったく察知できなかったことから、防災関係者に大きなショックを与えました。

2018年現在、日本には111の活火山があるとされています。これは世界のすべての活火山の1割に相当するという集中ぶりです。そして、日本の活火山のほぼ1割が、フォッサマグナ地域に集中しているのです（図7－1）。

フォッサマグナと地震

地震はフォッサマグナができて以来、ずっと起きつづけているようです。そもそも断層ができたときには、その断層を動かした地震が起こっているはずですから、オラーコジンから1本のリフトが延びてフォッサマグナをつくって以来、記録には残っていませんがいったいどれだけたくさんの地震が起こったことでしょうか。将来、トレンチ（溝）を掘って地震の前後関係や年代がわかるようになると、過去にフォッサマグナで起こった地震の全貌が明らかになるでしょう。

フォッサマグナの地震が活発になったのは、第四紀に東西圧縮が始まってからです。東西圧縮は第6章でも述べたように、太平洋プレートが西に移動し、日本海の東縁からはユーラシアプレートの北米プレートへの沈み込みが始まったことで、東北日本を中心に日本列島が東西方向に圧縮された現象です。

このため東北日本の現在の脊梁《せきりょう》山脈は急激に上昇し、水深4000m以上あったリフトが標高1000m以上の山脈になったと考えられています。実に5000m以上も隆起したのです。フォッサマグナ地域でも、東北日本と西南日本が衝突して、どちらもフォッサマグナ地域に乗り上げる逆断層の運動が始まります。第6章で述べたようにこの頃から赤石山脈も隆起を始めて、3000m以上の山になっています。

とくに糸静線はユーラシアプレートと北米プレートの境界になっていて、両方のプレートによる圧縮運動が現在も進行しています。それによって起こる断層運動によって、糸静線や、それに沿って走るたくさんのローカルな断層が活動したときに、地震が起こっています（図7－2）。プレートの境目では、ある場所で圧縮が起こったときに受けた力（応力）が、別の場所

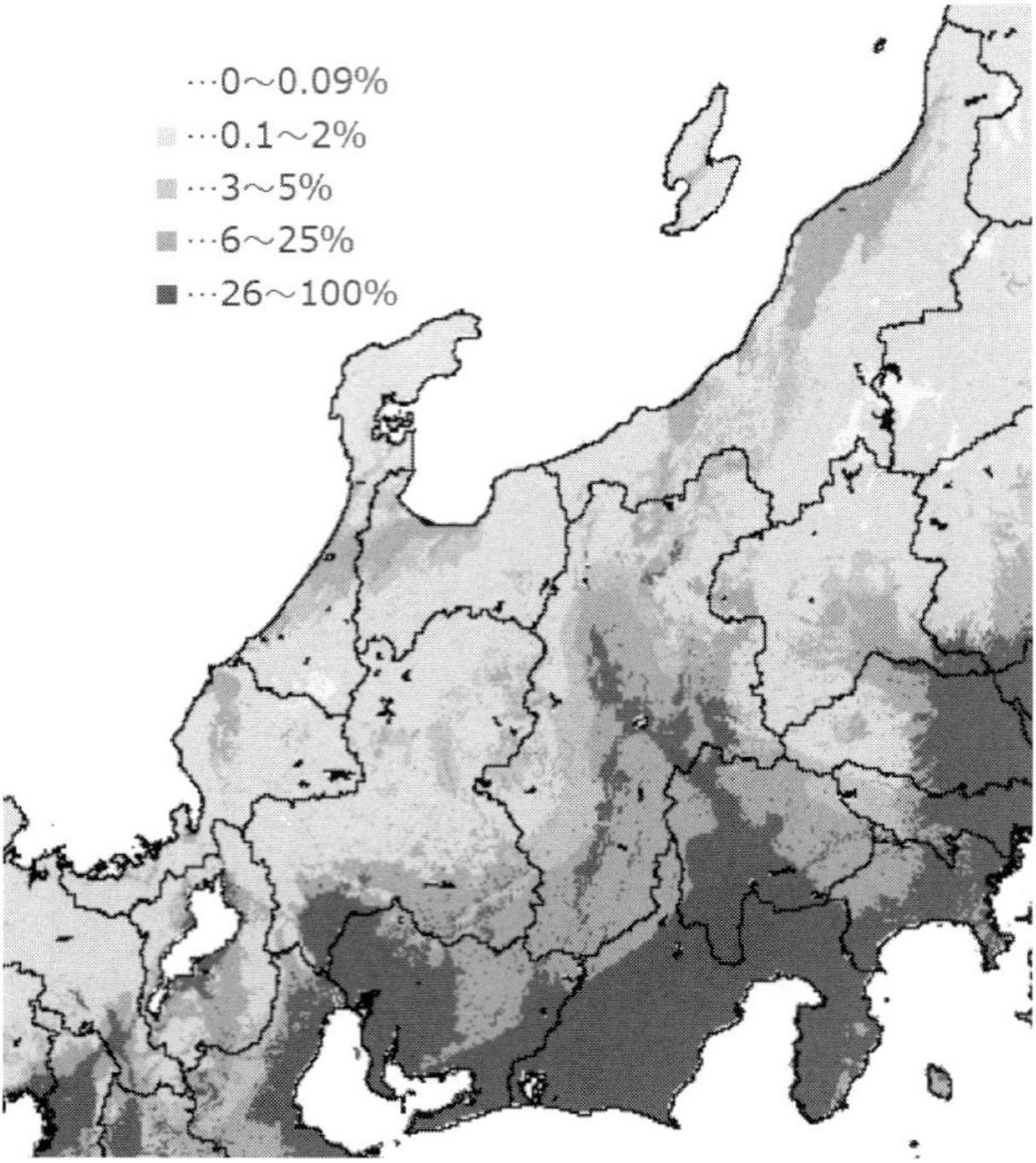

図7－2　30年以内に震度６弱以上の地震が起きる確率
太平洋岸が最も高く、フォッサマグナ地域はそれに次ぐ危険度
（地震調査委員会「全国地震動予測地図」2018年版より）

で地震によって解放されることがあるのです。

東西圧縮はいまも続いていて、断層運動がしばしば起こっています。長野県に多いのは、おおむねフォッサマグナに関係した断層が再び動いて起こる内陸型の地震です。震源は浅いのですが、その分、地盤の変動は大きいため、大きな被害が発生します。２０１４年11月22日の長野県神城断層地震では、私もたまたま近くの民宿にいて大きな揺れを体感しました。

２０１１年3月11日の東北地方太平洋沖地震の折には、フォッサマグナ周辺でも震度6クラスの地震が起こっています。このときも、いったん西へと動いた地面が今度は東へと大きく動くような揺れ方をしました。長野県以外でも大きなところでは、２００４年に最大震度7を記録して死者68名を出した新潟県中越地震や、２００５年に震度6弱を記録して負傷者91名を出した宮城県沖地震がありました。

周辺にお住まいの方にはご心配なことですが、東西圧縮が続くかぎり、糸静線に沿った地域に地震は起こります。そして東西圧縮はプレートの沈み込みが続くかぎり、止まりません。

もっとも、太平洋プレートと北米プレート、フィリピン海プレートそしてユーラシアプレートという4枚ものプレートがひしめき合う日本列島では、糸静線だけが危険な断層ではないことは言うまでもありません。

フォッサマグナと地滑り

フォッサマグナ地域はまた、日本でも有数の地滑り地帯です。これもやはり、断層に起因するものです。

断層の境目となる地層では、過去に何度も断層運動を受けてきたために繰り返し変形されていて、いわばぐしゃぐしゃに壊れている状態になっています。そのために、何かのトリガー(引き金)、たとえば地震や大雨などによって緩んだ地盤が容易に崩れ、地滑りを起こすのです。そしてフォッサマグナでは、糸静線が繰り返し運動することによって大きな破砕帯が形成されています。山梨県西部の夜叉神トンネルには糸静線が通っていますが、トンネル付近では断層破砕帯から大量の水が噴き出していて、周辺を歩くには防水の靴や長靴が必要なほどです。

地滑りについて考えるときに見逃せないのが、地盤を構成する岩石です。2018年7月に起こった西日本の集中豪雨による広島県や岡山県での地滑りは、その地盤が花崗岩であったことが大きな原因です。花崗岩は風化すると、「真砂《まさ》」と呼ばれる美しい砂を形成しますが、これが水を大量に含むと土石流となります。風化を免れたものは「コアストーン」と呼ばれる巨大な石の塊となり、これが土石流に混ざって流れるとダムや橋、家などを壊してしまいます。

花崗岩は古いほど風化・浸食が著しく、壊れやすくなっています。フォッサマグナの場合は、南部フォッサマグナには駒ヶ岳、昇仙峡、丹沢などで花崗岩が多く見られますが、比較的新しく、風化や浸食はまだあまり進んでいません。

一方、北部フォッサマグナの中には花崗岩はありませんが、その外側には古い花崗岩が散在しています。ちなみに北部フォッサマグナには糸静線に沿って、「仁科三湖」と呼ばれる木崎湖、中綱湖、青木湖が直線状に並んでいて、観光スポットになっています。これらは見た目には断層そのものの跡に水がたまってできたように思えますが、実は、土石流によって川がせき止められてできた堰止湖だと考える人が多いようです。

フォッサマグナの南北圧縮

フォッサマグナは東西だけでなく、南北にも圧縮を受けています。これは、フィリピン海プレートが北への移動を続けていて、日本列島に島弧を運び続けるからです。

丹沢山地が5Maに、伊豆半島が0・6〜1Maに衝突するなど、伊豆・小笠原弧は次々に本州にぶつかって合体しました。次に起こることは、伊豆半島の南にある、地殻の厚い高まりの衝突です。すなわち伊豆大島です。いずれはこれが本州にぶつかって、次の伊豆半島、あるいは伊豆大島半島が形成されることになります。さらに、伊豆大島の南には三宅島があります。これもいずれは衝突して、三宅島半島になるでしょう。

このように、フィリピン海プレートが北上しつづけるかぎりは、南部フォッサマグナには新しい陸地が次々とつけ足されていくことになります。これは日本列島の土地を増やしていく運動ですから、悪いことではないかもしれません。

もっと言えば、太平洋プレートも毎年９・５㎝ずつ日本列島に近づいていますので、太平洋プレート上のハワイ諸島もおよそ５０００万年も経てばやはり日本列島にくっついてしまうでしょう。

実際に、次の超大陸は日本列島の周辺に形成されると考える研究者が多いようです。「アメイジア」（アメリカとアジアがくっついた大陸という意味）という名前もすでにつけられています。ただし、それが実現するのは2億年後といわれています。

フォッサマグナと生物地理区

次に、がらりと見方を変えて、「生物」という視点からフォッサマグナを考えてみたいと思います。フォッサマグナは地質だけでなく生物の分布についても、東西あるいは南北に日本列島を分断しているからです。

日本海ができた頃には、太平洋とはまだつながっていて、太平洋の水は日本海へと流れ込んでいました。そのため太平洋側の生物は容易に日本海の中へ入り込めたと思われます。このようなことが起こり得たのは、中部日本のフォッサマグナが閉じて陸になるまでのことでした。やがて南部フォッサマグナから次々と山地などがぶつかってきて南側の海をふさいだため、フォッサマグナは大きな湖のようになり、やがて陸になっていきました。

岐阜県の瑞浪市では、ビカリアという巻貝の化石が産出しています。これは温かい海に生息する貝類で、かつては黒潮がこのあたりを通って日本海へと入り込んでいたことがわかります。こうしたことを考えるのが「生物地理」といわれるもので、日本においてその嚆矢《こうし》となった中期中新世の海陸分布図などを作成したのが鎮西清高です。

一方で、フォッサマグナがかつて海であったために、陸上生物は西日本と東日本との間を行き来できず、ここが生物分布の大きな境界をなしているという考えも生物学者によって提唱されています。こうした生物分布の境界を「生物地理区」といいます。インドネシアにはウォーレスラインと呼ばれる生物分布の重要な境界線があります。バリ島とロンボク島間のロンボク海峡から、スラウェシ島の西側、マカッサル海峡を通ってフィリピンのミンダナオ島の南に至るきわめて大きな生物の分布境界線のことです。

日本では津軽海峡に、ブラキストーンラインと呼ばれるものがあります。ここはニホンザルの北限やヒグマとツキノワグマの境界などになっています。

トビムシを研究していた吉井良三の『洞穴学ことはじめ』（岩波書店）を大学生のときに読んだことがあります。面白かったのは、鍾乳洞が一度でも水に浸かって生物が死滅すると、そのあとには新しい生物しかいなくなり、それが「バカ穴」と呼ばれていることでした。同じようなことは琉球列島でもあり、ハブがいる島といない島は標高によって分けられます。これは島が一度でも完全に水に浸かってしまった島にはハブがいなくなるからです。

フォッサマグナでもわずかな期間でしたが、そこがリフトを形成して、海あるいは湖として大陸を分離していた時代がありました。そのため、多くの昆虫、とくにホタルではフォッサマグナが生物地理区の境界になっているということが提唱されています。

また、植物の分布をその特性をもとに分けた植物区にも、「フォッサマグナ地区」というものがあります。日本の植物区では「ソハヤキ地区」という地区の面積が大きく、これは九州から四国、近畿と続く本州の太平洋側で、第三紀から（60Ma～）現在まで陸地であった、古い地層の地区のことです。ちなみに「ソハヤキ」は「襲速紀」と書き、「熊襲《くまそ》」（南九州）の「襲」、「速吸瀬戸《はやすいのせと》」（豊予海峡）の「速」、「紀伊国」（和歌山）の「紀」からとった名です。

ところが、ソハヤキ地区の植物は、フォッサマグナ地区に入ると、ぷっつりと見られなくなります。そしてフォッサマグナ地区より東では、また普通に見られるようになるのです（図7－3）。

フォッサマグナ地区の植物はイボタヒョウタンボク、フジアザミ、マメザクラ、ランヨウアオイなどですが、逆にそれらは、フォッサマグナ地区以外ではほとんど見られません。これは、「先住民」だったソハヤキ地区の植物たちが、フォッサマグナ地区では火山活動によって壊滅し、そのあとにフォッサマグナ地区の植物たちが棲みついたためと考えられます。

以上はフォッサマグナの東西における生物地理でしたが、一方で、南からは伊豆半島の衝突によって、南方の生物が日本列島に渡る大きな橋渡しをしています。南部フォッサマグナの丹沢層群の中にはサンゴ礁や、南にしかいない生物の化石などがたくさん含まれています。これはとりもなおさず、丹沢が南からやってきたことを雄弁に物語る証拠です。

小笠原諸島の父島や母島には珍しい岩石や植物、サンゴ礁などが存在しますが、これらもやがては本州へと運ばれて、外来種として日本列島の中に組み込まれてしまう日が来るでしょ

図7－3　日本の植物区
植物区もフォッサマグナ地区で東西に分断されている。関東陸奥地区の植生はソハヤキ地区と共通点が多い

う。今後は、このようなことがひたすら起こりつづけるのです。

フォッサマグナと文化

では、東西の地質を分断しているフォッサマグナは、日本人の文化にも影響を与えているのでしょうか。多くの人は、さまざまな分野で東西の境界がフォッサマグナにあると思っているようですが、それは本当なのか、いくつかの事例を考えてみたいと思います。

まず、電気の周波数は東西で違います。関西では60Hzですが、関東では50Hzです。実はその境界線は、糸魚川と富士川を結ぶ線に沿っているのです。このことから、フォッサマグナを境に周波数が変わると思っている人が多いようですが、それは誤りです。

この違いは明治時代にさかのぼります。明治政府が発電機を輸入したとき、東京ではドイツの発電機を購入したのでドイツの周波数50Hzを採用し、大阪ではアメリカから発電機を輸入したので、アメリカの周波数60Hzを採用したためだったようです。なお境目の糸魚川では、50Hzと60Hzの両方を併用しているとのことです。

東西の文化の違いということでよく言われるのは「うどん」と「そば」です。どちらかといえば関西の人間はうどんを好み、関東の人間はそばを好むようですが、その境界はフォッサマグナにあるのでしょうか。

そばと小麦の生育に適した環境の違いがあり、分布の区分がフォッサマグナにあるといった説もあるようですが、これも、どうやらそういうことではなさそうです。もともとは、うどんか、そばかの違いというよりは、だし汁をつくるのに使う醤油の違いによるようです。

関西では薄口醤油が好まれますが、関東では濃口醤油が好まれます。それぞれの醤油にどちらが合うか、というところで、うどんかそばかに分かれたようです。そして、醤油の違いはどうも、フォッサマグナとは関係がなさそうです。

とはいえ、方言がフォッサマグナを境に大きく違うという考えや、苗字の読み方が東西で違うなどの文化的な違いも指摘されていて、それらは一概に否定できないと思われます。あるいは、日本列島の基盤である地質に、そうした違いの理由があるのかもしれません。

日本列島の地質図を眺めると、東日本と西日本の大きな違いには、花崗岩の分布があることに気づきます。関東には火山岩（とくに玄武岩や安山岩）が多いのに関西では少なく、反対に花崗岩は関西（琵琶湖周辺や京都の東山など）に多く関東では丹沢や筑波山などにしかないといった違いがあります。私はブルーバックスの前著『三つの石で地球がわかる』のなかで、京都から東京へ居を移したときに「京都の地面は白いのに東京の地面は黒い」ので驚いたという話を書きました。白っぽい花崗岩が多い京都は地面も白っぽいのですが、関東の地面は黒っぽいのです。

こうした違いは人々の精神風土や文化にも何らかの影響を与えているのかもしれません。今後の研究を待ちたいと思います。いま、日本地質学会には「文化地質学」というユニークなセッションが設けられていて、こうしたことが研究発表されているようですので、成果が楽しみです。


約１５００万年前、フォッサマグナという名の怪物は、スーパープルームという「火」によって誕生しました。そう私は考えています。そして、「火」といえば私が思い出すのは、手塚治虫の傑作『火の鳥』です。１００年に一度、みずから身体を焼くことで永遠の命を得ている火の鳥は、過去と未来を自在に行き来し、人間の生死と地球の変遷を見つづけています。その火の鳥が15万回も生まれ変わる間、この怪物は、プレートがひしめきあう日本列島のど真ん中の、いつ瓦解してもおかしくないような場所で、絶妙にバランスをとりながらその特異な姿を保ちつづけてきました。そのことは、やはり驚くべきことに思えます。

そして、こうも思うのです。１億２０００万人の私たちがこのリスクの塊のような国土で、大地変動のたびに少なくない犠牲は払いながらも、破局的な災厄は免れていられるのも、この怪物の懐に抱かれているからではないかと。

Column

フォッサマグナに会える場所
⑧ 山陰海岸ジオパーク

京都府、兵庫県、鳥取県の三つの府県が一緒になった広大なジオパークですが、フォッサマグナからはずいぶん遠く離れた場所にあるのでは？　といぶかしく思われていることでしょう。

この山陰海岸ジオパークには、日本海の拡大にともなって西南日本が時計回りに回転したこと（観音開きの片側）について示す露頭がそろっていて、日本海の形成前後に西南日本で起こったイベントを窺い知ることができるのです。つまり、北部フォッサマグナとは線対称をなしていて、「写し鏡」とでも言うべき位置関係にあるのです。

ジオパークエリア内では、日本海拡大が始まった20Ma頃から現在に至るまでの過程を物語る貴重な地質や地形が数多く見られます。浦富海岸や、丹後半島に沿って続く海岸には、日本海拡大のときにできた火山岩が多数分布しています。また、城崎海岸に近い豊岡には、マグマがゆっくり冷えてできる柱状節理が著しく発達した天然記念物「玄武洞」が見られます（写真）。ここは京都大学の松山基範が世界で初めて地磁気の逆転期を示した場所でもあります。

山陰海岸ジオパークのジオサイトの地質や地形を、男鹿・大潟ジオパークのジ

玄武洞の柱状節理。大量の玄武岩マグマがゆっくり冷えて、最も安定した形である六角柱になったもの

オサイトと比較することによって、両者の違いが浮かび上がり、そのとき初めて北部フォッサマグナの形成の特徴がわかってくると思われます。そのような研究が進むことで、日本海拡大と、さらには日本列島形成の謎までも大きく解明されていくと考えられます。

このジオパークのもう一つの顔として、鳥取砂丘や、天橋立に似た久美浜（京都府）の小天橋《しょうてんきょう》の砂洲など、砂がつくった面白い地形が多く見られることも特徴的です。また、松葉ガニなどの日本海の海産物や、兵庫県の但馬地方で飼育される但馬牛、さらには、砂丘地を利用して栽培されるらっきょうなど、フォッサマグナ地域とはまた趣の違った名産があり、「フォッサマグナめぐり」の最後の場所として選ばれるのもよいかもしれません。

あとがき

フォッサマグナとはいったい何なのか。それは、どのようにしてできたのか。やはり、難問中の難問でした。いまできる精一杯の答えをご覧いただきましたが、はたして、鵺を退治した源三位頼政に少しは近づけたでしょうか。

私がフォッサマグナに関心をもって現地を見て回るようになったのは、2012年に定年退職して時間ができてからのことでした。フォッサマグナとは何かを知りたいと思って、東京大学の院生時代にお世話になった松田時彦先生をお誘いして、中部地方への巡検にご一緒いただくようになりました。本編でも書いたように、松田先生は卒論執筆のときに南部フォッサマグナの研究を始められた方で、以後は、南部フォッサマグナに関しては第一人者となられていたからです。巡検は毎年1回、2泊3日くらいの日程でした。フォッサマグナに関連する地域を車で見て回っているうちに、この得体の知れない地形にも、何となくなじみが出てきたような気がしていました。

2014年には、神奈川県の成り立ちについての本を共著で出版しました（『日本海の拡大と伊豆弧の衝突 —神奈川の大地の生い立ち』〔有隣新書〕）。しかし、やはりフォッサマグナがよくわからなかったため、今度は共著者の何人かも誘って、巡検を始めました。もちろん松田先生も一緒です。

その巡検の2日目のことでした。最初は、大町市（長野県）あたりに宿をとろうと考えていたのですが、事情が変わって急遽、下部温泉（山梨県）に変更していました。夜になり、その日に回ったコースを振り返りながらビールを飲んで反省会をしていたら、ぐらっ、ときたのです。私がいちばん早く気がついたのですが、松田先生は「地震屋」のくせに「え？　揺れてる？」などと呑気なことを言って、まったく感じていない様子でした。テレビをつけてみると、震源は、なんと神城断層であると報じていました。最大震度は6弱、大町市でも5弱でしたから、宿を最初のままにしていればかなりあわてていたことでしょう。翌年には、この地震の跡を見学に行きました。

この本には、こうした巡検で得た知見や、フォッサマグナに関心をもって以来、自分で考えたり、いろいろな方に教えてもらったりしたことをもとに書きました。しかし、書き終えてみて、フォッサマグナは鵺のようなものであるという印象は強くなるばかりです。

執筆中は苦しい時間ばかりでしたが、フォッサマグナについての資料を広げて苦吟しているときに、ふと一服の清涼剤のように感じられたものがありました。私が好きな『おくのほそ道』にある松尾芭蕉の句です。

芭蕉が日本海側の海岸を、秋田から新潟へと歩いたときに、対岸に佐渡が近くに見えるところから日本海を臨み、こう詠んでいます。

荒海や　佐渡に横たふ　天の河

この句は頭の中がフォッサマグナ漬けになっている私に、日本海の成り立ちを一幅の絵のように思い起こさせてくれました。

もう一つ、芭蕉が秋田県の象潟《きさかた》で詠んだものもあります。

象潟や　雨に西施《せいし》が　合歓《ねむ》の花

中国の春秋戦国時代、西施という絶世の美女を妾にしていた越王は、宿敵の呉王を骨抜きにすべく、西施を献上します。策略は的中し、呉王は西施の色香に溺れて国を顧みなくなり、ついには越に滅ぼされました。しかしそのあと、一説には、西施は越王夫人の嫉妬を買い、国を滅ぼした妖怪とされて生きたまま長江に沈められたのだとか。

北部フォッサマグナと秋田県の地層とのつながりを書いていて、ふと、芭蕉がこの句を詠んだ１６８９（元禄２）年には、まだ象潟断層はできていなかったのだなと気づいたのです。それから１００年以上が経った１８０４（文化元）年のこと、象潟では死者３００人以上を出した象潟地震が起こり、このときに象潟断層が隆起して、風景が一変しました。地震の原因は、ユーラシアプレートと太平洋プレートに押されることによる日本列島の東西圧縮でした。そんなことを思い出していたら、芭蕉が詠んだ悲劇の美女のはかなさに、変動する大地の無常さが重なって、見慣れた句が違うものに見えてくる面白さを味わったのでした。

秋田から新潟に入った芭蕉はその後、フォッサマグナ北端を横切り、糸静線に近い親不知の海岸を通って、西日本へと向かっています。

私は糸魚川のフォッサマグナミュージアムで、さまざまな露頭について竹之内耕氏に案内していただきました。竹之内氏には本書の原稿にコメントもいくつもいただきました。巡検のメンバーでもある「地質屋」の方々、松田時彦、平田大二、西川徹、高橋直樹、矢島道子の各氏からは、執筆の前後を通じてたくさんの貴重なご意見などを賜りました。有隣新書の共著者である有馬真、小川勇二郎、高橋雅紀の各氏にも助言をいただき、感謝いたします。野崎篤氏には図面を作成していただきました。右記の平田大二氏と高橋雅紀氏には図面もご提供いただきました。また、図面作成にあたっては木村学氏、佐野貴司氏の著書も参考にさせていただきました。海洋研究開発機構の監物うい子氏には校正の段階で多くの貴重なご意見をいただきました。最後に講談社ブルーバックスの山岸浩史氏には企画の最初から最後まで叱咤激励をいただき、きわめて難解な文章をわかりやすく整理していただきました。これらの方々の温かいご支援がなければこの本は完成できなかったと思います。

なお、本文中に出てくる研究者のお名前は敬称を略させていただきました。お許しください。

鵺を射った源頼政になれたかどうかは怪しいものですが、あとは読者の批判を待つばかりです。内容的にあやふやなことや、不備や間違いなどがあるとすれば、それはひとえに筆者の責任です。

平成30年7月の日本最高気温が更新された日に、東京・八王子の自宅書斎にて

藤岡換太郎

参考図書

■まず、一般の人にも理解しやすいものを挙げます。

藤原治・斉藤眞編著　２０１８『トコトンやさしい地質の本』日刊工業新聞社
フォッサマグナミュージアム　２００６『フォッサマグナってなんだろう』フォッサマグナミュージアム
平林照雄　１９９８『フォッサマグナ―信州の地下を探る―』信濃毎日新聞社
今井功　１９６６『黎明期の日本地質学』ラティス丸善
貝塚爽平　１９８３『空からみる日本の地形』岩波書店
神奈川県立博物館編　１９９１『南の海からきた丹沢』有隣新書
神奈川県立生命の星・地球博物館編　２０００『かながわの自然図鑑①　岩石・鉱物・地層』有隣堂
神奈川県立生命の星・地球博物館編　２０１０『日本列島20億年　その生い立ちをさぐる』神奈川県立生命の星・地球博物館
神奈川県立生命の星・地球博物館編　２０１６『新版　岩石・鉱物・地層』有隣堂

勘米良亀齢・橋本光男・松田時彦編　１９９２『日本の地質』岩波書店
木村学　２００２『プレート収束帯のプレートテクトニクス学』東京大学出版会
木村学・大木勇人　２０１３『図解プレートテクトニクス入門』講談社ブルーバックス
松田時彦　１９８４「フォッサマグナ」（藤田和夫編著『アジアの変動帯――ヒマラヤと日本海溝の間』p127―146）海文堂
都城秋穂・久城育夫　１９７５『岩石学Ⅱ』共立出版
都城秋穂編　１９９１『世界の地質』岩波書店
ナウマン著　山下昇訳　１９９６『日本の地質の探求』東海大学出版会
NHKスペシャル『列島誕生ジオジャパン』制作班　２０１７『列島誕生ジオジャパン　激動の日本列島誕生の物語』宝島社
日本地質学会編著　２０１７『はじめての地質学』ベレ出版
齋藤靖二　１９９２『日本列島の生い立ちを読む』岩波書店
佐野貴司　２０１５『地球を突き動かす超巨大火山』講談社ブルーバックス
佐野貴司　２０１７『海に沈んだ大陸の謎』講談社ブルーバックス
社団法人全国地質調査業協会連合会　２００７『日本列島ジオサイト　地質百選』オーム社

社団法人全国地質調査業協会連合会　2010『日本列島ジオサイト　地質百選Ⅱ』オーム社
諏訪兼位　1997『裂ける大地　アフリカ大地溝帯の謎』講談社
諏訪兼位　2003『アフリカ大陸から地球がわかる』岩波ジュニア新書
諏訪兼位　2018『岩石はどうしてできたか』岩波書店
平朝彦　1990『日本列島の誕生』岩波新書
高木秀雄　2017『年代で見る日本の地質と地形』誠文堂新光社
高橋正樹　1999『花崗岩が語る地球の進化』岩波書店
高橋正樹・小林哲夫編　1999『東北の火山』築地書館
高橋正樹・小林哲夫編　1998『関東甲信越の火山Ⅰ』築地書館
高橋正樹・小林哲夫編　1998『関東甲信越の火山Ⅱ』築地書館
高橋正樹・小林哲夫編　2000『中部・近畿・中国の火山』築地書館
高橋直樹・大木淳一　2015『石ころ博士入門』全国農村教育協会
植村武・水谷伸治郎　1979『岩波講座地球科学9　地質構造の形成』岩波書店
上田誠也・杉村新　1970『弧状列島』岩波書店
上田誠也・杉村新編　1973『世界の変動帯』岩波書店

山下昇編著　1995『フォッサマグナ』東海大学出版会
藤岡換太郎　2012『山はどうしてできるのか』講談社ブルーバックス
藤岡換太郎　2013『海はどうしてできたのか』講談社ブルーバックス
藤岡換太郎　2014『川はどうしてできるのか』講談社ブルーバックス
藤岡換太郎　2016『相模湾　深海の八景―知られざる世界を探る』有隣新書
藤岡換太郎　2017『三つの石で地球がわかる』講談社ブルーバックス
藤岡換太郎・平田大二編著　2014『日本海の拡大と伊豆弧の衝突―神奈川の大地の生い立ち』有隣新書

■以下は、やや専門的なものです。
植村武・山田哲雄編　1988『日本の地質4　中部地方Ⅰ』共立出版
山下昇・絈野義夫・糸魚川淳二編　1988『日本の地質5　中部地方Ⅱ』共立出版
日本地質学会編　2010『日本地方地質誌3　関東地方』朝倉書店
日本地質学会編　2010『日本地方地質誌4　中部地方』朝倉書店

■ジオパーク関係のウェブサイトはこちら。
日本ジオパークネットワーク　http://www.geopark.jp/
糸魚川ジオパーク　http://www.geopark.jp/geopark/itoigawa/
山陰海岸ジオパーク　http://www.geopark.jp/geopark/saninkaigan/
男鹿半島・大潟ジオパーク　http://www.geopark.jp/geopark/oga_ogata/
南アルプスジオパーク　http://www.geopark.jp/geopark/m_alps/
下仁田ジオパーク　http://www.geopark.jp/geopark/shimonita/
伊豆半島ジオパーク　http://www.geopark.jp/geopark/izu_hantou/
箱根ジオパーク　http://www.geopark.jp/geopark/hakone/

【ま行】

【や行】

【た行】

【さ行】

さくいん

N.D.C.450　236p　18cm

ブルーバックス　B-2067

フォッサマグナ
日本列島を分断する巨大地溝の正体

2018年 8 月20日　第 1 刷発行
2025年 4 月 3 日　第15刷発行

著者　藤岡《ふじおか》換《かん》太《た》郎《ろう》
発行者　篠木和久
発行所　株式会社講談社
〒112-8001　東京都文京区音羽2-12-21
電話　出版　03-5395-3524
販売　03-5395-5817
業務　03-5395-3615
印刷所　（本文印刷）株式会社新藤慶昌堂
（カバー表紙印刷）信毎書籍印刷株式会社
製本所　株式会社国宝社

定価はカバーに表示してあります。

ISBN978－4－06－512871－8

発刊のことば

科学をあなたのポケットに

二十世紀最大の特色は、それが科学時代であるということです。科学は日に日に進歩を続け、止まるところを知りません。ひと昔前の夢物語もどんどん現実化しており、今やわれわれの生活のすべてが、科学によってゆり動かされているといっても過言ではないでしょう。

そのような背景を考えれば、学者や学生はもちろん、産業人も、セールスマンも、ジャーナリストも、家庭の主婦も、みんなが科学を知らなければ、時代の流れに逆らうことになるでしょう。

ブルーバックス発刊の意義と必然性はそこにあります。このシリーズは、読む人に科学的に物を考える習慣と、科学的に物を見る目を養っていただくことを最大の目標にしています。そのためには、単に原理や法則の解説に終始するのではなくて、政治や経済など、社会科学や人文科学にも関連させて、広い視野から問題を追究していきます。科学はむずかしいという先入観を改める表現と構成、それも類書にないブルーバックスの特色であると信じます。

一九六三年九月

野間省一

ブルーバックス　地球科学関係書（I）

1414 謎解き・海洋と大気の物理　保坂直紀
1510 新しい高校地学の教科書　杵島正洋／松本直記＝編著／左巻健男
1592 発展コラム式　中学理科の教科書　第2分野（生物・地球・宇宙）　石渡正志／滝川洋二＝編
1639 見えない巨大水脈　地下水の科学　日本地下水学会／井田徹治
1670 森が消えれば海も死ぬ　第2版　松永勝彦
1721 図解　気象学入門　古川武彦／大木勇人
1756 山はどうしてできるのか　藤岡換太郎
1804 海はどうしてできたのか　藤岡換太郎
1824 日本の深海　瀧澤美奈子
1834 図解　プレートテクトニクス入門　木村　学／大木勇人
1844 死なないやつら　長沼　毅
1861 発展コラム式　中学理科の教科書　改訂版　生物・地球・宇宙編　石渡正志／滝川洋二＝編
1865 地球進化　46億年の物語　ロバート・ヘイゼン／円城寺　守＝監訳／渡会圭子＝訳
1883 地球はどうしてできたのか　吉田晶樹
1885 川はどうしてできるのか　藤岡換太郎
1905 あっと驚く科学の数字　数から科学を読む研究会
1924 謎解き・津波と波浪の物理　保坂直紀
1925 地球を突き動かす超巨大火山　佐野貴司
1936 Q&A火山噴火127の疑問　日本火山学会＝編
1957 日本海　その深層で起こっていること　蒲生俊敬
1974 海の教科書　柏野祐二
1995 活断層地震はどこまで予測できるか　遠田晋次
2000 日本列島100万年史　山崎晴雄／久保純子
2002 地学ノススメ　鎌田浩毅
2004 人類と気候の10万年史　中川　毅
2008 地球はなぜ「水の惑星」なのか　唐戸俊一郎
2015 三つの石で地球がわかる　藤岡換太郎
2021 海に沈んだ大陸の謎　佐野貴司
2067 フォッサマグナ　藤岡換太郎
2068 太平洋　その深層で起こっていること　蒲生俊敬
2074 地球46億年　気候大変動　横山祐典
2075 日本列島の下では何が起きているのか　中島淳一
2094 富士山噴火と南海トラフ　鎌田浩毅
2095 深海——極限の世界　藤倉克則・木村純一＝編著／海洋研究開発機構＝協力
2097 地球をめぐる不都合な物質　日本環境学会＝編著
2116 見えない絶景　深海底巨大地形　藤岡換太郎
2128 地球は特別な惑星か？　成田憲保
2132 地磁気逆転と「チバニアン」　菅沼悠介

ブルーバックス　地球科学関係書（II）